パフェ本

Parfait-Bon

斧屋 著

まえがき
〜パフェが来るまで〜

パフェは、五感のすべてを刺激する最高のエンターテインメントです。

パフェは、様々な素材の対比や調和、変化を楽しむ時間芸術です。

『パフェ本』は、美しくかわいいパフェの写真を見ているだけで幸せになれる本ですが、もう一歩踏み込んだパフェの魅力を知ってもらうための本でもあります。パフェには構造があり、構造には思想が表れます。何を表現するためにパフェを作っているのか、なぜパフェなのか。パフェの創り手の思想は様々であり、思想が具現化したものとしてパフェがあります。そして、現在の文化状況や、技術との関係の中で、パフェは現代的な進化を遂げています。それを知ることで、パフェの深みにはまる仲間が増えてくれたらうれしいのです。

実は、『パフェ本』はパフェのガイドブックではありません。なぜなら、掲載されているパフェの多くが期間限定のメニューであり、もう食べることができないからです。ですが、心配することはありません。魅力的なパフェを出すお店は、きっとこれからも、すばらしいパフェを出してくださるに違いないのです。

3年前（2015年）に出版した書籍『東京パフェ学』（文化出版局）では、フルーツパーラーやパティスリーといった、お店の種類に分けてパフェを紹介するという構成をとりましたが、『パフェ本』では趣向を変えてみました。以下、簡単に本の構成について説明します。

トップに、フルーツパフェへの物思いを詩にしたためました。

第1層では、現代のパフェを考えるにあたって重要な9つのテーマに沿って、パフェのお店を紹介していきます。もちろん、掲載しているお店は、「そのテーマだけ」のお店ではありません。いろいろなお店で複数のテーマはまたがって存在しています。読者のみなさんも、ここに挙げたテーマを意識してパフェ巡りをされると面白いかもしれません。

第2層では、全国の代表的なエリアを巡り、パフェの紹介をしました。全国各地に、すばらしく、多様性に満ちたパフェがたくさんあります。個性的なパフェたちをご覧ください。

第3層では、パフェにまつわる大事なことをコラムにしました。パフェの世界に深くはまり込むと、いろいろなことが気になってくるものです。パフェに限らず、何かの考えごとのヒントにしていただけたら幸いです。

パフェは気軽に楽しめて、一方で小難しくも考えられる、懐の深い文化です。『パフェ本』をきっかけに、パフェの魅力を発見していただけることを願っています。

そろそろパフェが出来上がったようです。どうぞ心ゆくまで楽しんでください。

パフェ評論家・斧屋（おのや）

CONTENTS

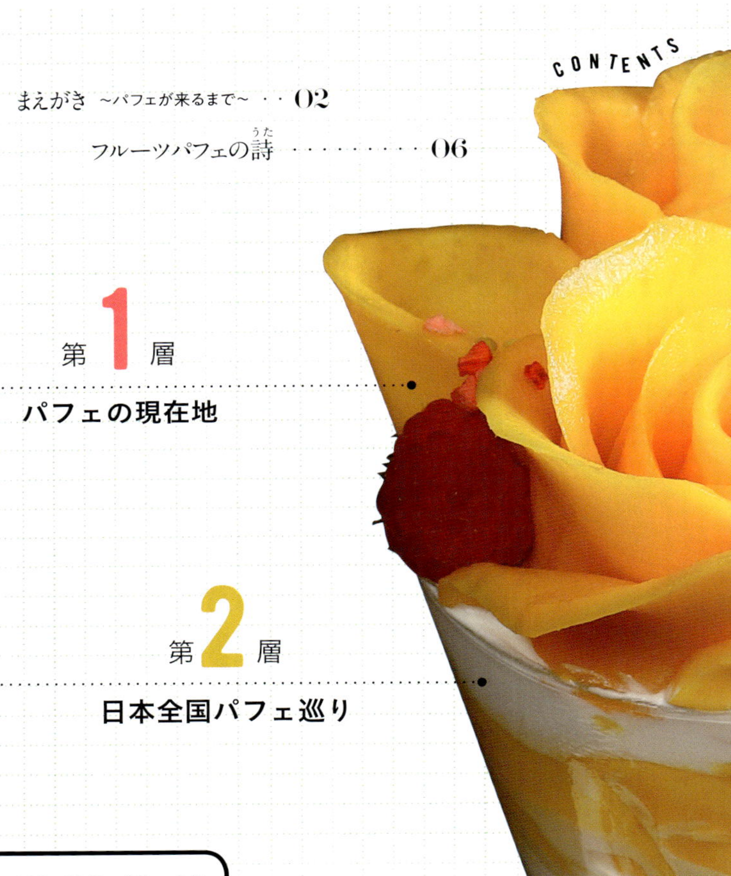

※本書に記載されている価格は、特に表記のないものは本体価格（税抜き）です。
※店舗情報、商品情報などは2018年7月取材当時のものです。季節や入荷状況によって取り扱いのないものも多数含まれています。

Column

ミックスパフェ
1570円（税込）

コロコロ
コロリ
パクパク
ゴクリ

バナナチョコレートパフェ
980円（税込）

ミックスチョコレートパフェ
1380円（税込）

水信フルーツパーラーラボ

横浜、桜木町のフルーツパーラー。パフェはシンプルな構成で、甘さ抑えめの生クリームがフルーツの魅力を引き立てる。季節のパフェも1〜5種。食用花の飾りが目を引く。

神奈川・桜木町 More info ▸▸ P110

長野波田町産の
すいかのパフェ
1080円（税込）

フルーツパーラー ゴトー

家族連れでも安心して頼めるお手頃なフルーツパフェと、ちょっと珍しいフルーツを使ったディープなパフェの世界の両面を見せてくれるフルーツパーラー。

東京・浅草 More info ▸▸ P109

身を寄せ合って
蜜を集める
花弁となって
匂いを放つ

千葉タクミ農園さんの
完熟カトリーナマンゴーのパフェ
1980円（税込）

沖縄マンゴーと桃のパフェ

1800円

トロピカル
キラキラ光る
元気にはじける

フォーシーズンズカフェ

月替わりで旬のフルーツを使ったパフェを展開、食事とのお得なセットも充実した地元に愛されるお店。野菜と果物を組み合わせた健康志向のパフェメニューにも注目。

東京・西葛西 More info ▸▸ P109

ヘルシートロピカルフルーツのパフェ
1500円

フルーツパーラーのパフェでめぐる12か月

1月 スカイベリー&あまおう

2月 せとか

3月 くろいちご&デコポン

4月 クラウンメロン

5月 枇杷

6月 小松菜

7月 ワッサーと桃

8月 国産マンゴーとパッションフルーツ

フルーツ、一期一会。

パフェをたくさん食べるようになって、フルーツの旬を強く意識するようになりました。パフェに使われるフルーツで、**旬の到来を知る**ことができます。冬のいちご、柑橘。春になって、枇杷（びわ）、さくらんぼ、マンゴー。夏はメロン、桃、プラム。秋になり、いちじく、梨、ぶどう、栗、柿、りんご、洋梨、そしていちごと巡ります。

一年を経て**また巡り会う果実、新しい品種との出会い**。世界一といわれる日本のフルーツとの一期一会に感謝です。

9月 瀬戸ジャイアンツ

10月 イチジクと白ゴマ

11月 黒あま柿とブロッコリー

12月 紫苑ぶどう

写真提供／フォーシーズンズカフェ

第1層

パフェの現在地

パフェを食べものではなく、エンターテインメントとして捉えると、その魅力が理解しやすくなります。パフェは様々な食文化・娯楽文化・芸術の影響を受けながら、現在独自の進化を遂げています。注目すべき9つのテーマに沿って、パフェの魅力に迫ります。

パフェは
エンターテインメント

月替わりのパフェ

―季節感―

季節とパフェは切っても切れない関係にあります。いつでも食べられる通年のパフェメニューもうれしいものですが、旬の食材を使い、その**季節感を演出するパフェ**は楽しいし、何よりおいしいのです。

月替わりでパフェメニューを更新していくパティスリーやカフェは、フルーツだけでなく、時にはハー

グラスデザート　　アメリカンチェリー

6 / 9 ～ 6 / 30

内容	
ライムとキルシュのジュレ	アーモンドサブレ
ムース　アールグレー、ピスタチオ	ハーブ
アーモンドクリスティアン（カカオニブ）	
アールグレーアイス	
シャーベット　アメリカンチェリー	
グリオットチェリー	
カシスクリーム	
ラズベリークランブル	
アメリカンチェリー	
ブルーベリー	
ピスタチオ	

Memo

出来上がったレシピは、月ごとに文書にまとめておく。小さなグラスに、10以上のパーツが使われている。

‹‹‹

パフェの構想→レシピ

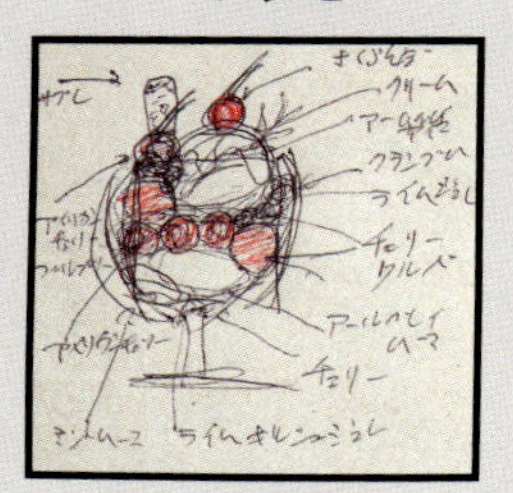

BORTON

まず、絵と一緒に全体の構成図をメモ書きし、そこから試作。大体いつも構想から大きく変わるとのこと。

ブや野菜などの食材を使うことで、季節の移り変わりを感じさせてくれます。

旬の食材を使うということは、いろいろなお店でパフェのメインテーマがかぶることもあります（たとえば、桃の季節はどこもかしこも桃パフェになりますね）。すると、同じ食材をそれぞれのお店が**パフェとしてどう表現しているかを比較**する楽しみも出てきます。

1か月という期間はちょうどよい長さで、食べに行こうと思えば行けますが、油断していると**食べ逃してしまう緊張感**もあります。「今月のパフェはおいしかった、来月のパフェは何だろう」。そうやって、めぐりめぐるパフェに懸想して、一年を過ごすのです。

パフェの発想の流れ

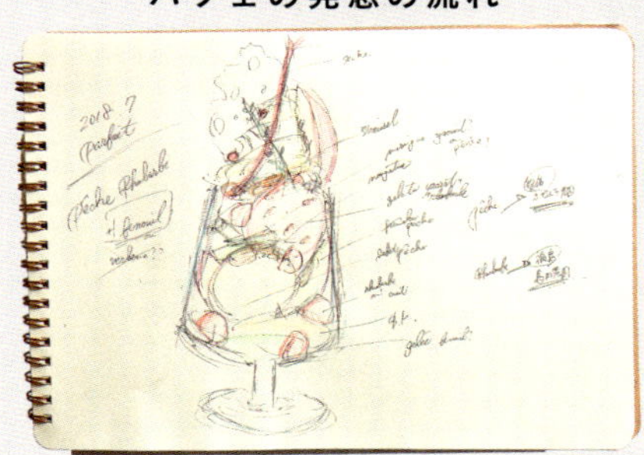

BIEN-ÊTRE

7月は桃を使いたい。桃は香りが印象的なので、味や色みがはっきりしたものと合わせたい。そうすると…

パルフェビジュー　ペシュ

パティスリィ　アサコ　イワヤナギ

PÂTISSERIE ASAKO IWAYANAGI

おいしいフルーツとジェラート2種の相性からパフェを発想する。本作では桃と、桃のソルベ、包種茶のジェラート。桃の煮汁に日本酒で香りづけしたジュレなど、食感も多彩な重層的構成のパフェ。お菓子屋さんの技術と高級なフルーツの組み合わせが楽しめる。パフェはドリンクとセット。ぜひワインとのペアリングを楽しんで。ドリンク付き 2800円

東京・等々力

More info ▸▸ P109

果肉とジェラートの甘みから、レモンジュレ、フランボワーズの酸味へ。

契約農園直送の桃を使用。フルーツの収穫状況により、パフェの提供期間は変わる。

TOP

飴細工がグラス上の立体感を演出

中には日本酒を使った桃のコンポートも

アメリカンチェリーのグラスデザート

アメリカンチェリーとそのシャーベット。グラス内には香りのよいアールグレイのアイス。

爽やかな酸味が際立つ
食後に鼻から抜ける
香りが快い。

中層のクランブルとクリスティアンの食感

底にはライムとキルシュのジュレ

ボートン
BORTON

和食の料理人だった店主が始めたお菓子屋さん。季節の果物を使用したグラスデザートを月替わりで提供している。本作の主役はアメリカンチェリー。といっても、脇役のピスタチオ、ライム、アールグレイが果たす役割も大きい。ジュレ、ムース、アイス、シャーベットと形を変えて、それぞれの役者が互いを高め合っているよう。1160円

東京・国立 More info ▸▸ P110

季節のパフェ　リュバーブ 白桃 フヌイユ

パティスリー　ビヤンネートル

BIEN-ÊTRE pâtisserie

香りの方が、味よりも人の印象に残るように思うので、パフェでも香りを大事にしているという、店主の馬場さん。毎月、様々なハーブや香辛料をアクセントにしたパフェを底の広いグラスで提供している。2018年は３つの素材の調和をテーマに。本作ではウイキョウ（フヌイユ）というハーブと桃、そしてリュバーブを合わせた。1380円（税込）

東京・代々木上原

More info ▸▸ P109

TOP

フヌイユのグラニテ、ヨーグルトとリュバーブのジェラート、桃のソルベ。３つの素材を３つの氷菓に。

中で螺旋に連なって、混ざっておいしくなっちゃって。

リュバーブは赤みがきれいな福島の島田農園産

底にはフヌイユのブランマンジェとライムのジュレ

Blood of Love

ラムレーズンジェラートとチェリーのハーモニー。中には旬のマンゴーソルベも。

スライスチェリーは、バラの花弁をイメージ

ミルクブランマンジェ、スモモのジュレですっきり

ニコム
256nicom

予約制でカレーとデザートを楽しむお店。パフェは旬の素材を使用し、自家製ジェラートを合わせつつ独自の表現に落とし込んでいる。閉店した純喫茶をDIYで改装したかわいらしい内装。本作は店内に飾られているバラのドライフラワーのイメージでアメリカンチェリーを使用。「内に秘めたる情熱」と「せつなさ」を表す。1300円(税込・カレーの注文が必須)

千葉・新検見川

More info ▸▸ P110

手を取り合ってゆるやかに。　水彩画のような優しみ。

action!

体験型パフェ

アトラクション

パフェは多くが縦長で層構造を成しており、食べる順番が緩く決まっていることに特徴があります。すべてを混ぜ合わせてしまうことがない限り、層の順番に大体は従って食べていくことになります。

さて、ここで紹介する「体験型」と名付けたパフェは、通常の食べ進める体験に加えて、パフェに食べ

いつかける。どうかける。

DEL' IMMO 目白店

チョコの「フリカケ」をお好みでかける。どう選ぶ、いつかける。性格が試されているようでもある。

Café comme ça 池袋西武店

マンゴーピューレと生クリームのソースをかける。あえてあふれるようにかけるか、食べ進めてからかけようか。

手が働きかける仕掛けが用意されています。
「ソースやふりかけをかける」「割る」といったアクションは、アトラクションの中でクリアすべきタスクのようでもあり、また、それぞれの好みによってパフェを楽しく、おいしくする自由を謳歌することでもあります。
冒頭に書いたように、パフェは順番のあるデザートですから、このアクションはパフェに不可逆の変化をもたらします。かけたソースは下に流れていって、乾いた素材を浸しますし、割り入れた素材は下の素材と混ざり合ってしまいます。あえて大げさな表現をすると、私たちは自由と引き換えに、パフェをおいしくできるかどうかの責任を引き受けることにもなるのです。
ちょっと緊張して、でも、それが楽しく。

割ることで、混ざる。ぱり。

Anjin
チョコの蓋の下に空間をあけておくオシャレな作り。割り落とす。なんかドキドキする。でも割る。

CHOCOLATIER PALET D'OR 東京
上と下の層をチョコの板で仕切ってある。上の層を食べてから割るか、上を残しておいて割り混ぜるか。

中層のキャラメル部分でマンゴーソースをかければ、よいアクセントになる。

マンゴーローズブーケのパフェ

これは写真撮りたくなるよね

どうせ食べてしまうとしても、美しい方がいいに決まってる。

下はザクザクのパイ生地

カフェコムサ

Café comme ça 池袋西武店

池袋西武店はカフェコムサ唯一のパフェ取扱い店。ケーキのデザインを、パフェの形に落とし込む。本作はとろけるように甘いマンゴーをキャラメルアイスと合わせ、パティシエがバラの花束状に仕上げたオートクチュールパフェ。他にも季節ごとに産地や品種にこだわった珍しいフルーツパフェを数多く提供している。

1793円（税込）

東京・池袋 More info ▸▸ P108

チョコの板を２枚はさむことで、グラスの中を３層に仕切る。下に行くほどさわやかな構成に。

パフェ パレドオール HANABI

花火柄のチョコ。飴細工も花火みたい

打ち上げ花火の音は、聞くというより体に響く。

チョコソルベなど、5つの自家製アイスが入る

ショコラティエ　パレドオール

CHOCOLATIER PALET D'OR 東京

季節のパフェを、2018年はチョコの板で横に仕切る形式にしたパレドオール。これまでも縦に仕切るパフェなど、実験的かつ機能的な、独創性の高いチョコパフェを発表している。本作は見た目の花火感だけでなく、パチパチキャンディーで花火の臨場感を演出する粋な構成。３層に分けて味の変化も楽しめるパフェとなっている。2160円（税込）

東京・丸の内

More info ▸▸ P108

パフェブロンド デリーモ
〜ショコラとカフェ〜

56％ショコラソースと、チョコのフリカケ。ココアパウダーとアーモンドダイスもある。

ショコラソースが流れて、フィヤンティーヌを濡らしていくのが好きなの。

香ばしい甘さのブロンドショコラパーツ

中層の苦みがパフェに深みを与える

パティスリーアンドショコラバーデリーモ

Pâtisserie&Chocolat Bar DEL'IMMO

縦長のグラスで、チョコソースをかけていただくパフェ。本作はベルギー産ショコラアイス、ブロンドチョコレートクリーム、ビスキュイショコラ、自家製コーヒーゼリー、塩味のあるディアマンショコラ、フィヤンティーヌ、ビターなショコラソースという構成。ブロンドチョコの甘みに対して、苦みや塩味で振り幅をつけている。1340円（税込）

東京・目白 More info ▸▸ P108

action!

たら〜り

＼パリン／

プラリュ・チョコレートパフェ

どこか美術館の庭園で、こんなオブジェを見たような。

シナモンとミックススパイスの効いたメレンゲ

黒胡椒のアイス。口の中でピリッとする

ソースはプラリネとチョコレートを合わせたもの。かけると割るを両方体験できるパフェだ。

アンジン
Anjin

代官山の蔦屋書店にある、壁一面が書物とアートで彩られたお店。文化の水先案内人になれるようにと、店名は三浦按針にちなむ。パフェの造形は独特で、中身はシナモンや黒胡椒、チョコレートムースにラム酒を効かせるなど、大人の風味。チョコの中蓋の下はガトーショコラと、アーモンド・ヘーゼルナッツのキャラメリゼ。1400円

東京・代官山 More info ▸▸ P109

パフェで表現する

―見立て―

パフェで、何かを表現する。ある季節の、ある場所の、あるいは、ある思い出の情景を。

パフェが表現として可能にする**立体感**と、何を入れてもよい**自由度**が、パフェを芸術的、文学的表現へと昇華させてくれます。

日本庭園の枯山水のように、日本には自然の風景に見立てて楽しむ、愛でるという文化的土壌がありますが、パフェにおける「見立て」は、視覚だけでない**味覚や嗅覚に訴える**ものにもなりえるのです。

パフェ表現の無限の可能性

HACHIDORI

赤いチュイールや水色の飴細工、ココナッツのスポンジでサンゴを表現。ライチ味のつぶつぶも泡のようだ。

Shinfula

朝靄に包まれた日本の庭園を表現した抹茶のパフェ。香りにまで及ぶ見立て表現がすばらしい。

和 栗のモンブラン

シンフラ

Shinfula

「日本人が作るフランス菓子」をテーマに創作する中野シェフ。パフェの構想は、やりたいことをじっくり考えて全部書き出したうえで、整理し、削っていく作業。パフェの造形にまず魅了されるが、入っている素材すべてに意味があり、パフェの説明書きを読むと、なるほどと驚嘆することになる。本作は菊の節句（重陽）と中秋の名月をイメージ。1674円（税込）

埼玉・志木 More info ▸▸ P110

満月をイメージした飴細工を割り、栗の甘露煮スープをかけてもらう。この演出が感動的。

パフェが文化として、ここまできたか、と思う。

お団子に見立てたゆでたてのキャラメル風味の白玉と、和栗アイスの温度差を楽しむ。

最後の仕上げで石垣マンゴーのかき氷を削り入れる演出も。

沖縄で健康と長寿の祈願のために縁起物として出される「カーサムーチー」（月桃の葉で餅を包んで蒸して作るお菓子）をモチーフに。他の食材もすべて沖縄にちなむ。シークワーサー、さんぴん茶、島胡椒「ヒバーチ」、サーターアンダギーをイメージした黒糖のクッキー。1674円（税込）

葉月
～朝靄の風景～

朝靄の日本の庭園を表現。初めに檜の水出しとドライアイスを使って朝靄を立ち上らせる演出から。抹茶のわらび餅をふたつの庭石に見立て、一つは抹茶クッキーの粉末で苔を、もうひとつはごぼう茶を混ぜ込んだチョコクッキーの粉末で土の香りを表現する。1674円（税込）

ハーブ香るシロップを水滴のジュレに仕立てて、朝露を表現。

フレッシュベリーの酸味は朝の爽やかさ

檜の香るジュレで森林浴気分に

こんなに美しい風景を、見て、嗅いで、食べられる幸せ。

あじさいの花弁を少しずつ
色の異なるゼリーで表現。

(名称非公開)

カフェ中野屋

パフェ作りは人生の縮図であり、子どもの頃に得た知識がまわりまわってパフェの素材の発想につながったりするという店主の森さん。日本の文化と情緒を表す見立て型のパフェも数多く発表してきた。本作はあじさいをモチーフに、梅雨やあじさいから連想される素材を使用したパフェ。毎年ブラッシュアップして提供している。2000円(税込)

東京・町田 More info ▸▸ P109

「映え」。見映えではなく、情感の反映としての。

（名称非公開）

パフェとして、動きをはらんでいるものが好き、と森さんはいう。これまでも、煙がもくもくしたり、薄いゼリーがひらひらしたりする遊び心あふれるパフェを発表してきた。本作はひまわりの花や葉を生き生きと表現し、夏の力強い生命力を表現。2200円（税込）

ひまわりの花の部分はマンゴーのゼリーとバルサミコ酢のゼリー。葉は生ミント。

夏らしく、パインのコンフィ、パッションフルーツとマンゴーのソルベが入る

ココナッツ味のクランブル、土っぽい

話せば長いが、何も説明しなくても分かる、がいい。

トロピカルフルーツとココナッツのパフェ　南国の香り

デザートカフェ　ハチドリ

DESSERT CAFÉ HACHIDORI

パフェに可能性を感じてパフェ専門店としてオープン、パティシエの技術と丁寧な仕事に裏打ちされた独自のパフェを次々に創り出しているハチドリ。見た目もさることながら、器とその空間をうまく使い、食べ進める体験を見事にデザインしているパフェの数々に注目したいお店だ。本作は海の風景を涼しげに表現している。1300円（税込）

神奈川・新逗子

More info ▸▸ P110

水中カメラの映像です。南国の海の中は色鮮やか。もっと下にもぐってみましょうか。

色、大きさ、味、食感、香り。繊細にして絶妙なる構成。

黄色いパッションの玉。つぶすとソースがじわり

深層はエキゾチックなスパイスが香るジュレ

カモミール香るあんみつパフェ

夏に涼しくさっぱりしたものを作りたいと思い、あんみつ風パフェを考案。金魚が泳ぐグラスの中には抹茶のスポンジ、抹茶アイス、むらさきいものアイス、カモミールとあんずのマーブルアイス、白桃。底にはカモミールのブランマンジェとあんこ。1300円（税込）

グラス側面に寒天のうずと、金魚の形に型抜きしたドライあんず。すばらしい立体感。

小石を池に、ぽちゃん。金魚を追いかけるように、波紋が広がった。

別添えの黒蜜とバルサミコ酢のソースをお好みで

円や球体が重なるデザインが楽しい

カウンターで食べるパフェ

ライブ

カウンター形式で、目の前でパフェを創り、提供するスタイル。

距離が近いということが、パフェにもたらすメリットは何でしょうか。距離の近さは、空間的、時間的、関係的な意味を持ちます。

空間的には、目の前で作ってくれることによる臨

作りたてが、一番おいしい。

Toshi Yoroizuka TOKYO

カウンター形式は、できたてをすぐに出せる。形や素材など、ギリギリまで勝負でき、細やかな対応もできる。

Mont Blanc STYLE

栗は繊細で刻一刻と状態や味が変化するため、握りたてのお寿司のように目の前で作るカウンター形式に。

場感が生まれます。それはまるで、ジャズの即興演奏のように見えます。また、パフェの複雑で時に不安定な構造は、パフェを運びづらくもします。目の前で出すという条件でしか作れない儚い建造物でもあるのです。

時間的には、最もおいしい瞬間に、すぐに提供できるということが言えます。何しろ、溶けるものや液体を多く含むパフェは、作られていくその瞬間が一番おいしく、時間が経てば経つほど鮮度を急速に失っていくものなのです。

関係的な近さとは、作り手と食べ手の相互作用のことです。作り手と食べ手の対話（必ずしも言葉にしなくても）が、パフェをよりおいしくすることがあります。作り手の情熱と、食べ手のパフェへの想いが、幸福な空間を生み出すのです。

プロセスを見る。アレンジしてもらう。

成城ル・フルティエ

目の前でフルーツをカット。お客さんの要望に応じて、中身をアレンジすることもできるそう。

ATELIER KOHTA

どのパーツがどのデザートになっていくのかが見える楽しさ。においも感じながら待ってもらえる。

ピスタチオとあんずのパフェ

流れるように紡がれた楽譜を、
今度は逆さまに演奏していく。

TOP

ラングドシャの帽子の上は、ピスタチオのアイスとクリーム、あんずのソテー、飴細工。

大粒のピスタチオは、風味がしっかり

あんずのシャーベット、赤ワインのジュレ

アトリエ　コータ
ATELIER KOHTA

カウンターデザートの名店。誰が作り、どんなものを使っているのかが見えるのもカウンターの良さ。個人的には、お客さんがみんな黙って出来上がりまでを鑑賞しているのが好きだ。その緊張感がたまらない。メニューはおいしく、分かりやすいものを心がけている、とのこと。本作もピスタチオとあんずの意外とシンプルなパフェだ。1300円（税込）

東京・神楽坂 More info ▸▸ P109

モンブランパフェ

モンブランクリームも栗アイスも作りたての繊細な風味と食感にこだわり、日中に何度も仕込みを行う。

TOP

グラス、皿、
スプーン置きは
すべて手作りの一点物

栗と向き合う。
パフェと向き合う。

小豆は、季節により
メロンや桃の
シャーベットから選べる

モンブランスタイル
Mont Blanc STYLE

栗に魅せられて自社農園も持つ和栗専門店が、作りたてであることをちゃんと伝えられるようにと、カウンター形式のお店を新たにオープンした。パフェの構成は、ミニモンブラン、メレンゲ、無糖の生クリーム、渋皮ごと入れたモンブランクリーム、自家製栗アイス、小豆。栗の味をごまかさない、裸の栗の糖度を感じられる逸品だ。1500円（税込）

東京・代々木八幡

More info ▸▸ P110

パルフェ オ ショコラ トンカ

別添えの優しい酸味のタイベリーソースをかけて、味の変化を楽しむのがポイント。

洗練された、なつかしさ。

トシヨロイヅカ東京

Toshi Yoroizuka TOKYO

鎧塚シェフによるチョコレートパフェの再構築。チョコと相性のよいバナナとフランボワーズ、エクアドルのトシヨロイヅカ農園産のカカオを使用したショコラアイス、トンカ豆のアイス、アーモンドのキャラメリゼ、シュトロイゼルにショコラをからめたもの、ジェノワーズショコラ。味、香り、食感のバランスに優れたパフェだ。
1500円（アラカルトの場合。税込）

東京・京橋 More info ▸▸ P108

旬のパフェ

一番フルーツの使用量が多いパフェ。季節で果物の内容はガラリと変わる。

移り変わるおいしさ。
これはこれで、一番おいしい。

成城ル・フルティエ

季節ごとに旬のフルーツを使ったパフェが楽しめるお菓子屋さん。旬のパフェは果実盛り合わせと生クリーム、バニラアイスのシンプルな構成。季節ごとに期間限定のパフェが１～２種類登場するが、そちらはパティシエの発想で、シャーベットやコンポートやゼリーなど、手を加え、少し構成も複雑なパフェとなる。1500円（税込）

東京・成城学園前

More info ▸▸ P109

限定度の高いパフェ

――舞台――

個数を限定したり、提供期間を区切ったり、予約制にしたりといった、限定度の高いパフェが増えています。食べ手からすれば、パフェは限定しないでほしい、という気持ちも起きるでしょう。自分が食べたいときに提供される、ということを期待したいのですから。

られるのはいつ？

Les Deux Chats

☑ 前日までの予約優先

☑ 木・金…1日5食限定
　土・日（&祝日の月曜）…1日10食限定

RUE DE PASSY

☑ 土・日・祝日限定

しかし作り手側からすれば、凝ったパフェであるほど、**常に提供するのは難しく**なります。食材の確保の他に、仕込みの作業、そして注文からパフェを創り上げるまでの手間と、それに必要とされる体力は、並大抵のものではありません。それは、限られた公演数を全力で演じ切る舞台作品のようなものではないかと思います。

作り手に対して敬意を払いつつ、食べ手にとっても、この限定性を**文化的に意義のあること**として捉えていきましょう。それは、**パフェ自体をイベント化する**、ということです。何かのついでに食べるのではなく、パフェを**食べることを目的にする**のです（限定性が高くなるほど、自然にそうなります）。そうすれば、パフェを待つ期待感も加わって、よりおいしく楽しいパフェ体験となっていくでしょう。

各店のパフェを食べ

てんとう虫。～パフェカフェ～

☑ 毎月20日頃に翌月の予定を公式HPにて告知
☑ 完全予約制

FabCafe

☑ 年に3～4回、パフェを発表
☑ 各パフェの提供期間は6日間ほど

パティスリー　リュー　ド　パッシー

pâtisserie RUE DE PASSY

伝統的なフランス菓子を再構築するというコンセプトで、年間7〜8種のパフェを提供。本作はシェフのお気に入り。アメリカンチェリーのムースグラッセ、アメリカンチェリー、キルシュの効いたホイップクリーム、グリオットチェリーのソルベ、底にはビスキュイショコラ、ムースグラッセショコラ、グリオットチェリーのコンポート。1500円

東京・学芸大学

More info ▸▸ P109

フォレ・ノワール

Forêt-Noire

ムースグラッセはチェリーを粗めに粉砕し、生クリーム、イタリアンメレンゲと混ぜたもの。その食感に驚く。

TOP

削ったチョコレートをのせて

フランス製のクープグラス

重いかな、と思ったら、　軽い。驚きと喜びと。

プティスワンとフランス紅茶のパフェ

驚かせる気はないが、うならせる自信はある。

プティスワンのシュークリームは、首と胴の部分を別々に成形するため、手間がかかる。

TOP

自慢の焼き菓子が2〜3種入っている

中層にロイヤルミルクティーのアイス、深層にミルクアイス

レ・ドゥー・シャ

Les Deux Chats

フランス産の素材にこだわった焼き菓子と自家焙煎珈琲のお店。パフェについては、フランス焼き菓子の良さを伝える、フランス産の素材をできる限り使用し、すべて自家製とする、というこだわり。パフェをお菓子の総合芸術と考えて創作にあたっている。本作は、希望に満ちた春の季節を、優雅なスワンと優しい風味のフランス紅茶を使って表現した。1990円

東京・八王子みなみ野

More info ▸▸ P110

キウイパフェ

てんとう虫。〜パフェカフェ〜

季節のフルーツを美しいフルーツカットで盛り付けるパフェの専門店。完全予約制にしたのは、ゆっくりパフェと向き合うため、そしてお客さんが食べられずじまいで帰るということをなくすため。パフェメニューの中には、お客さんのアイデアからメニュー化されたものもある。本作はゴールドキウイとグリーンキウイをバラのように配した。1200円（税込）

埼玉・土呂 More info ▸▸ P110

フルーツカットは、美しさだけでなく、口に入ったときにおいしい大きさかどうかも計算する。

中はキウイシャーベットに、バニラソフトクリーム

中にはマカロンクランチやヨーグルトケーキも入る

パフェは、人を元気にする。

Vert ヴェール

余計なことしやがって。
おいしくなっちゃうじゃない。

TOP

ケールサブレ、グランマニエパルフェ、タイムの香りのオレンジソルベなどなど。

デザートワインのジュレに、キャラメル風味のオレンジ

ミントミルクソルベに、ダージリンアイス

ファブカフェトーキョー
FabCafe TOKYO

パフェ職人・srecette 氏が不定期に期日限定で提供する Fab パフェ。毎回試作を積み重ね、グラス形状、アイスクリーム、香り、構成等すべてのバランスを考え、おいしく体験してもらうことに全力をあげて創作している。本作は柑橘とハーブとお酒を使用した、常に香らせるパフェ。大人の味覚だからこそ、感知できるパフェだ。1350円（税込）

東京・渋谷 More info ▸▸ P108

Column

／ 創り手に聞く 01 ／

FabCafe パフェ職人・srecette（小関智子さん）

かわいくておいしくて 大好きなパフェの話。

年に約4作のペースで新作Fabパフェを発表する小関さん。「いつも頭のどこかでパフェのことを考えている」と話す彼女のパフェ道インタビュー。

エスルセット
srecette

小関智子さんによるソロユニット。パフェを1つの表現として、試作、撮影、仕込み、当日の組み立てまで一貫して行う。

Vertが生まれるまで―― 決め手は「くすみ」

当初はスタッフの要望で、キウイを主役にしたパフェにする予定でした。梅雨前の時期に出すので、キウイの緑色とオレンジ色で爽やかなものにしたいな、と。その際、オレンジのソルベを試作したときに、おいしいけれど「子どもっぽい」味、よくあるオレンジ味に落ち着いてしまい、つまらないなと思ったんです。そこでタイムを加えたところ、オレンジの甘さとタイムの「くすんだ感じ」がすごく合ったんです。大人になってしまった舌だから味わえるパフェというか。あ、結果的にキウイは使わなくなってしまったんですけれどね（笑）

Vert製作の流れが分かるメモを見ると、毎日ソルベを試作している。タイムとのかけあわせを何種類も試しているのがよく分かる！

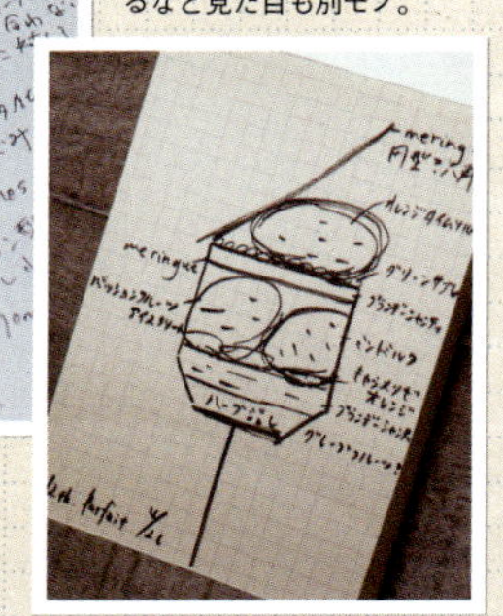

提供する約20日前のスケッチ。このときは中層のソルベがパッションフルーツだった！トップにメレンゲの飾りがあるなど見た目も別モノ。

「パティシエ」から「パフェ職人」へ――

「作品」としてのパフェを出したい

2014年までは焼き菓子、ケーキなどを担当していました。ただ、パフェとお菓子では、食べ手にとっての特別感が違う気がします。人とおしゃべりしながらつまんで、何を食べたかあまり覚えていない、みたいな食べられ方ではなく、こちらの想いをそのまま受け止めてもらえるものってなんだろうと考えたときに辿り着いたのがパフェでした。グラスに入ってかわいらしくておいしそうで、ちょっと特別でわくわくする、というのが自分の伝えたい想いと重なりました。パフェ名も、初期は何が入っているか分かりやすいものでしたが、2017年から自分の作品として、受け手の方の想像が広がる名前にしたいと思ってつけています。元々写真の経験もあり、個展で作品名をつけるような感じです

1本ずつひとりで作る。パフェと真剣に対峙する姿からは、「パフェ愛」がにじむ。

2018年7月までに発表した12作のパフェ告知ビジュアル。「お客さんが最初に見るビジュアルは、デザイナー・相樂園香さんによるもの。パフェの魅力を引き出すデザインをしてくれるんです」

印象に残るFabパフェ「この一本」。

小関さんが選んだ１本

ミントピア Mintopia

提供期間（2017年5月14、21、27、28日、6月3、4、11日）

食べる人の「体験を広げた」チョコミント

トップにあるのは、フレッシュなミントの葉をたっぷり使ったチョコミントアイス。**チョコミント味が苦手な方にも**ぜひ食べてもらいたかった作品です。毎作パフェを更新させているなかで、このパフェは「復活させてほしい」という声が一番あり、更新している最新作ではその欲を埋められないんだ、という意味で印象的。自分の中で**越えられない壁**になっています。でも「チョコミン党」だけでなくチョコミントが苦手な人にも響くものができたので、これ以降もりんごやオレンジのパフェを作れました。たとえば、りんごはそこまで好きじゃないけれど、あの人の作ったりんごパフェなら食べに行ってみようかな、と思ってもらえることは、**その人の体験を広げることになっている**と思うのです（小関さん）

斧屋からも一言

「それまでと器もガラリと変わり、球体で構成されたようなかわいい印象。チョコミントアイスがすばらしかった」

撮影：srecette／グラフィックデザイン：相樂園香

斧屋が選んだ１本

basique（バジック）

提供期間（2018年2月18、24、25日、3月3、10、11、17日）

トレンド感たっぷり＆苺の「再構築」

「ベーシックなパフェの代表「苺パフェ」のsrecette流解釈。ソースをかける、中が見えず保冷性も高い紙の器「WASARA」、途中でメレンゲの蓋を割り入れる……など、新しい技が計算ずくで使われています。苺という素材は最近、スライスしてグラス側面に貼りつけたり、細かく切ったりと、いろいろな扱われ方がある。またパフェは元々持っているイメージが強く、縦長のグラスに生クリームを入れる、バニラアイスを入れる、というイメージに沿って作られることが多い。それを一度すべてとりはらい、再構築したらどうなるかが考えられているパフェです。苺の形は見えないけれど、味や香りなどで苺を表現しているのは、まさにパティスリーの思想で創られていますね（斧屋）」

小関さんからも一言

「事前の文字情報をできるだけ出さず、お客さん自身の感覚で味わってほしいと思ったパフェです。不透明な器で中身が見えないので、食べ進めるとそのわくわくを丁寧に感じてほしかったんです」

専用のアクリル台はお店のレーザーカッターで製作。

basique 11th

2/18,24,25
& 3/3,10,11

drink set – 1,650
単品 – 1,350

srecetteがパフェのベーシックと捉えているのが
「チョコバナナパフェ」と「苺パフェ」の2つ。
2017年の最初にBasicというチョコバナナパフェを提供しました。
2018年のスタートはもう1つの軸である苺を使ったパフェにトライします。

フランス語で同様の意味を持つbasiqueというタイトルで
srecetteによる苺を主題としたパフェを御堪能ください。

Srecette

撮影：srecette ／グラフィックデザイン：相樂園香

夜パフェ

―陶酔―

札幌で「シメパフェ」がブームとなってから数年。東京、名古屋、大阪、京都、福岡をはじめとする大都市圏でも、夜パフェを提供するお店が増えてきています。

夜ならではの、お酒の入ったパフェ、お酒に合うパフェ、少し贅沢なパフェ。暗めの照明に妖しく浮かび上がるパフェのシルエットに魅了される。あるいは、夜景を横目に見ながら食べるパフェに陶酔する。夜というシチュエーションが、パフェをオトナにし、ぼくらもオトナになる。

夜だからこその、パフェがある。

CAFÉ BARNEY

お酒が並ぶ店内。レコードを数多く所蔵する、音楽も楽しめる店。この雰囲気に合うのは、どんなパフェだろう。

BISTRO MARX

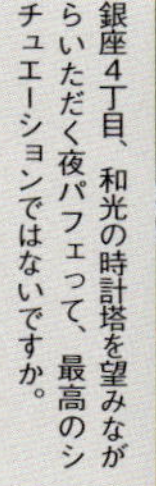

銀座4丁目、和光の時計塔を望みながらいただく夜パフェって、最高のシチュエーションではないですか。

ノイエ
Neue

クセのある漫画家のタッチは好みが分かれるだろう。ノイエのパフェも、けっして手放しで美しいとは言えない曲者感が漂う。だからこそ、熱狂的なファンが生まれるのだ。本作はアメリカンチェリーとピスタチオが主役だが、脇役のフェンネルシード、アーモンドと岩塩のクランブル、シュー生地、赤ワインとハーブのゼリーも侮れない。1500円

東京・下北沢 More info ▸▸ P110

アメリカンチェリーとピスタチオのパフェ

ZOOM
ピスタチオの剝き身とピスタチオクリームは、濃厚で香りもよい。
パフェを食べているのか、食べられているのか。
ピスタチオとクランブルで、歯をかなり使わせる
ゼリーの爽やかな香りで終われる

GINZA 4丁目（シメ）パフェより

クープ・オ・ショコラ
（カミーノ・ヴェルデ 70%）

ビストロ・マルクス

BISTRO MARX

銀座4丁目交差点という絶好のロケーション。テラス席に出れば時計塔を望みながらの夜パフェを楽しめる。平日の20時半～22時半は「GINZA4丁目（シメ）パフェ」として、季節ごとにメニューを替えながら常時4種類のパフェを提供。本作はエクアドルのカカオ「カミーノ・ベルデ」を使用、チョコ好きのためのパフェだ。1800円（サービス料別）

東京・銀座 More info ▸▸ P108

シナモン香るグリッシーニ

ソルベ、クランブル、ビスキュイ、ムース、クリーム、ブラマンジェがチョコづくし。

TOP

「この夜景よりも、あなたの方がずっと素敵だね」とパフェに言う。

気泡をアクセントにしたグラスをパフェのために特注

メロンのパフェ

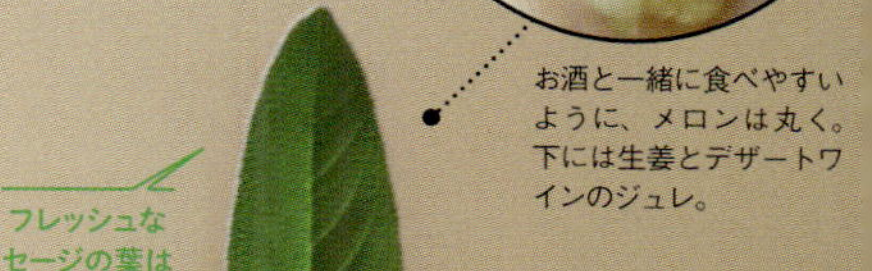

お酒と一緒に食べやすいように、メロンは丸く。下には生姜とデザートワインのジュレ。

フレッシュなセージの葉は噛むと爽やか

量、食感、風味。強すぎなくて、ちょうどいい。

カフェ　バルネ
CAFÉ BARNEY

外食後に、飲み直したり、甘いものを食べて口直しできるお店がほしくて自ら開店に至る。夜のデザートは、粉ものよりもするする入りやすく、季節のフルーツを取り入れやすいものという点で、パフェは合っているとのこと。パフェメニューは年に8本くらい入れ替える。本作のメロンパフェには、白ワイン、シャンパンなどの泡系が合う。1500円（税込）

東京・代々木八幡

More info ▸▸ P109

底はクランブルと、ココナッツのアイス

メレンゲの帽子と、ココアのグリッシーニでメロンを表現。その下にはフレッシュメロン。

パフェテリア　ベル

Parfaiteria beL

札幌のシメパフェが渋谷に上陸。パフェメニューはどんどん入れ替わっていく。一見奇抜に見えるメニューも多いが、全体としてのバランスを考え、起承転結で素材を構成している。飲んだ後のシメで来る人も多いが、パフェに合わせてお酒をさらに楽しむのもオススメとのこと。本作はメロンとパパイヤ、乳製品で展開していくパフェ。1700円（税込）

東京・渋谷 More info ▸▸ P108

シークレットパフェ

リール銀座

Rire Ginza

夜17時以降限定、提供されるまで秘密のパフェ（本作は2018年6月から7月に提供されたもの）。オープン4年目で、常連のお客さんも含めて楽しめるイベントをという発想で企画された。本作は王道のチョコバナナパフェの再構築がコンセプト。期待を裏切らないおいしさと、少しばかりの驚きを表現したいとのこと。2000円（税込）

東京・東銀座 More info ▸▸ P108

世界観で魅せるファンタジー

パフェはカフェなり。
カフェの世界観、コンセプトを表現するのに最も適したメニューがパフェではないかと考えています。パフェは、何を入れてもよく、立体的な表現も可能であることから、キャラクターや物語を取り込みやすいのです。

コンセプトカフェは楽しい。

文房具カフェ

たくさんの文房具が使い放題で、お絵描き好きにはたまらないカフェ。アニメとのコラボメニューもよく展開する。

Milkyway

店内は青と白を基調に星のイメージがあふれる店。パフェを注文すると、13星座の星占いの紙がついてくる。

最近大都市圏で見かけるアニメやマンガ作品のコラボカフェでも、パフェメニューをよく見かけます。博物館や美術館のカフェでは、展示内容に合わせたパフェメニューも目にすることがあります。

ここで紹介するカフェは、独特の世界観があるカフェであり、パフェメニューもそのイメージを取り入れて、そのカフェのアイデンティティを存分に表現してくれています。

パフェ体験は、イメージを食べる行為でもありますから、カフェの世界観に浸ることと、パフェを食べることとは、区別されない全体としてひとつの体験です。だから、カフェに入り、パフェを注文し、待ち、パフェを迎え、食べ、余韻に浸って、カフェを出るまでがパフェ体験なのです。

ここではないどこかへ。

Cafe tint

不思議の森の奥にあるかわいいカフェ。店内は花やグリーンが多く、ライトに小鳥や蝶がとまっている。

KAWAII MONSTER CAFE HARAJUKU

モンスターガールのお出迎え。店内の4つのゾーンで、こだわりのアートとカラフルなメニューが堪能できる。

カフェ　ティント
Cafe tint

「tint の森」の中にあるカフェ。メニューブックに書いてあるお話によると、店長は熊さんで、店員さんはうさぎさんだという。森の動物をモチーフにしたパフェメニューがたくさんある。季節感あふれる限定パフェもかわいい。本作はマカロンのはりねずみとりんごがかわいい、りんごとチョコを使ったパフェ。1050円（税込）

東京・下北沢　More info ▸▸ P109

りんごチョコナッツのはりねずみまかろんパフェ

何といっても、はりねずみがかわいい。その下はチョコ生クリームとチョコアイス。

自分の星座のパフェ、
やっぱり気になっちゃう。

水瓶座

13星座のパフェ、ほとんどのパフェのトップに星形のクッキーがいらっしゃる。

ミルキーウェイ
パフェテラス Milkyway

13星座ごとのパフェメニューがある、星をテーマにしたカフェ。パフェグラスは星座ごとに変わり、星形の器もあったり、星形のクッキーが入っていたり。季節ごとに展開する限定のパフェもファンシーなイメージだ。パフェの構成はときおり更新されている。本作、水瓶座のパフェは、パンプキンとさつまいものクリームが印象的。885円（税込）

東京・池袋 More info ▸▸ P108

文房具カフェ

文房具をモチーフにしたパフェは定期的に内容が変わっていく。構成も凝っていて、いろいろな素材を使って層を作り、いつも楽しませてくれる。本作は太陽のオレンジと黄色をイメージした鮮やかな夏のパフェ。別添えのビーカーにはミントシロップが入っている。途中でかけて、味の変化や色の変化を楽しむ仕掛けだ。1500円

東京・表参道 More info ▸▸ P108

上にはストロベリーアイス、チョコミントアイス、バニラアイス、オレンジシャーベット。

カラフルポイズンパフェ・エクストリーム!

ロールケーキも毒入り!?

わたしにとって甘美。

あなたが吐く毒は、

ふたりでシェアして食べるのがよいかも

カワイイ モンスターカフェ ハラジュク
KAWAII MONSTER CAFE HARAJUKU

増田セバスチャン氏プロデュース、カラフルでクレイジーな街・原宿をビジュアル化したカフェレストラン。そのユニークなメニューの数々の中で一際目を引くのが毒々しい色みのパフェだ。グラスのまわりはフレーバー生クリームが囲む。左から、ストロベリー味、オレンジ味、メロン味、ミント味、ブルーベリー味。2300円

東京・原宿 More info ▸▸ P108

素材の力

健康

パフェを食べると罪悪感を感じる、というステレオタイプが、いまだに残っているようです。逆に言うと、「罪悪感」と口先で表明しておけばパフェを食べられるということもあるようですが、いずれにしても、「パフェは甘い＝太る・身体によくない」という図式は非常に強固です。でも、最近のパフェ

素材と出会う。取り寄せる。

Trueberry 表参道店

無農薬・無化学肥料のオーガニック食品を各地より取り寄せて、スムージーやジュース、パフェに使用する。

ウッドベリーズ　マルシェ

できたてのフローズンヨーグルトと、全国の契約農家から直送されるフルーツでできたパフェが楽しめる。

は甘さを抑えたものも多く、一概に健康に悪いとは言えません。食べ過ぎはよくないですけど。
ここで紹介するのは、素材にこだわり、健康によいと言えるパフェです。食と健康への関心の高まりもあり、最近は野菜やフルーツを契約農家と直接取引して、よりよいものを仕入れているお店も増えてきました。また、スーパーフードと呼ばれる食品にも注目が集まっています。「健康的とはどういうことか」は難しいテーマですが、素材についてよく知ることは大事だと思います。
パフェはデザートにしては量が多いので、いつ食べようか迷うこともあるかもしれませんが、健康的なパフェなら、食事代わりに食べてみるのもアリでは？

いい素材をどう生かす。

d47 食堂

広島の在来種柑橘農場「中吉屋」のレモンづくし。チップ、メレンゲ、アイス、ゼリー、クリーム、ソース。

THE Tokyo Fruits パーラー

さつまいもは収穫後、しばらく寝かせて、その後焼き芋にして、急速冷凍。手間をかけて、よい状態で提供。

関口農園さんのいちごとマスカルポーネの贅沢パフェ

クレームダンジュやヨーグルトは自家発酵させ、口当たりの良さを確認しながら作る。

シンプルであることの強みがある。

ウッドベリーズ マルシェ

生フローズンヨーグルトのお店で提供するパフェはとてもシンプル。注文を受けてから、ベースとなるフローズンヨーグルトとフルーツなどを混ぜて作っていく。通年のフルーツパフェに加え、季節ごとに限定パフェが登場する。本作は練馬の契約農家「関口農園」から毎日届く、朝採れのいちごを使用した、冬から春頃までの限定パフェ。1400円（税込）

東京・吉祥寺

More info ▸▸ P110

スピルリナは藻の一種で、栄養素がバランスよく含まれ、食物繊維も多い。

健康という言葉は、
奥が深い。パフェみたいに。

TOP

カカオニブ

ゴジベリー

カシューナッツホイップクリーム

- カシューナッツ
- ココナッツミルク
- ココナッツオイル
- アガベシロップ
- バニラエクストラクト

オートミール

アーモンド、デーツ、ステビア、ココナッツミルク、抹茶、スピルリナのペースト

オーガニックバナナ

トゥルーベリー

Trueberry 表参道店

スーパーフードのスムージーと、コールドプレスジュースのお店。手軽にロースイーツ（火を通さない栄養価の高い菓子）を食べてほしいとの思いでパフェをスタートした。本作はスピルリナと抹茶の組み合わせをテーマに、ナッツやゴジベリー、カカオニブの食感がしっかりした、よく噛んで食べるパフェ。Sサイズでも食べ応え十分だ。Sサイズ 1150円

東京・表参道

More info ▸▸ P108

ザ　トウキョー　フルーツ

THE Tokyo Fruits パーラー

旬の高級なフルーツのパフェが食べられるお店。フルーツをいかに食べ頃の状態で提供するかにこだわっている。フルーツパーラーには珍しく、通年で提供しているさつまいものパフェも人気だ。焼き芋、さつまいもペースト、バニラアイス、生クリームのシンプルな構成。焼き芋にすることで、ねっとりとした食感と甘みが生まれる。2000円

東京・自由が丘 More info ▸▸ P109

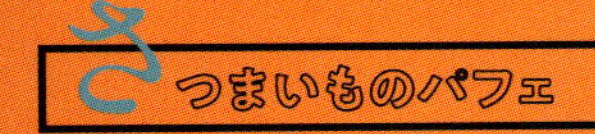

今回のさつまいもは甘さとコクがある「紅天使」。砂糖を加える必要がないほどに甘い。

焼き芋

さつまいもペースト

焼き芋

焼き芋

いいものは、何度でも。いいものは何個でも。

レモンのパフェ

素材のおいしさを、余すことなく。

d47食堂

47都道府県をデザインの視点でまとめたガイドブック「d design travel」の編集部の拠点でもあり、全国の食の生産者から仕入れた食材を使う定食屋。パフェは素材をいろいろな方法で食べることを追求し、単体でも混ぜても楽しめる魅力を引き出している。本作はレモンづくしの爽やかなパフェ。1700円（税込）

東京・渋谷 More info ▸▸ P108

専門店のパフェ

——求道——

食の、ある分野・領域に特化した専門店があります。コーヒー、紅茶、日本茶、チョコレート。そのお店がパフェを出したら、専門性を軸にした、一本筋の通った「〜づくし」のパフェが生まれます。
ある特定のジャンルの深みに触れることは、今まで知らなかった世界について、自分の可能性を広げ

おいしかったから、買って帰ろう。

Artichoke chocolate

タブレット、トリュフ、ボンボンショコラなど、様々なクラフトチョコレートを販売している。

Gclef

紅茶専門店だけに、ティーポットがたくさん並ぶ。すぐそばに茶葉の販売店があるので、帰りに寄るのもいい。

る経験となります。単一的に認識していたものに多くの種類があることに驚き、豆や茶葉の産地によって変わる風味の違いや、今まで気づかなかった自分の好みは何かを発見することにもなります。

フルーツパーラーがフルーツを様々な形に変化させ、それを組み合わせて、結果的にはフルーツの本質を伝えるのと同様に、食の専門店は、ある素材の魅力を余すところなく伝えるために、アイス、ジュレ、プリン、ソースといった形の変化を加えます。その結果、専門店のパフェは、多様性に満ちながらも、一本の背骨で貫かれているパフェとなるのです。

パフェがおいしくいただけたら、お土産を買って、おうちで復習してみるのもいいものです。

いろんなお茶が、あるんだな。

中村藤吉本店　銀座店

抹茶、煎茶、ほうじ茶、玄米茶、7種の茶を秘伝の割合でブレンドした「中村茶」などを販売。パフェで使われている「成光の昔」は甘みと苦渋みのバランスがよい上質な抹茶。上質な抹茶ほど、甘み・旨みが強く、香りが高い。

コーヒーづくしのパフェ

オクシモロン
OXYMORON 二子玉川

カレーの専門店だが、コーヒーもコーヒーゼリーも人気で、両方おいしく食べられる商品として開発したのが本作のパフェ。その名の通り、コーヒーの魅力を存分に味わえる。甘みと苦みのバランスがよく、コーヒーの香りも引き立つ。それぞれを順に食べてもおいしいが、下のシリアルの層まで混ぜながら食べるのがオススメとのこと。900円（税込）

東京・二子玉川

More info ▸▸ P109

周りの空気まで味付けされているかのよう。あ、それを香りというんだったか。

キャラメルと洋なしの紅茶パフェ

紅茶のアイスと、洋梨とキャラメルのアイス。キャラメル風味の生クリーム。

ティーサロン　ジークレフ

TEA SALON　Gclef

元スコティッシュパブの内装を活用した、紅茶専門店のティーサロン。紅茶の風味を生かしたパフェメニューには、それぞれにオススメの紅茶を記載し、ペアリングも楽しめるようになっている。本作はキャラメルの苦味が効いて、アールグレイ風味のワッフルやナッツメレンゲの食感も楽しい、緻密に構成されたパフェだ。ドリンクセット1850円(税込)

東京・吉祥寺

More info ▸▸ P110

中村藤吉本店　銀座店

江戸時代に京都・宇治で創業した日本茶の老舗の直営店。銀座店限定のパフェには、特別なお茶につけられていた「別製」の名が付く。抹茶生クリーム、抹茶シフォンケーキ、別製抹茶アイスクリーム、抹茶餡、生茶ゼリイ「抹茶」、濃茶のソースまで抹茶づくし。淡い→濃い→淡いの味の変化と抹茶の深い香りを堪能できるパフェだ。2200円（税込）

東京・銀座 More info ▸▸ P108

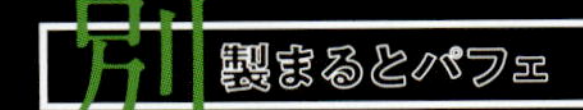

濃い緑は、「鮮雲の白」。甘みとキレのある苦渋みをもつ爽やかな抹茶。

抹茶＝苦み、だと思ってた。知れば知るほど、単純じゃない。

あわぽんの軽い食感が快い

ミルクソフトクリームと濃茶ソースで最後は軽く

カカオニブとクラッシュキャンディーがのる。生クリームとココアパウダーの下にはチーズアイスとコーヒーゼリー。

パフェティラミス

グラスにすり切りで
ティラミスらしく

実直・誠実な性格がにじみ出る立ち姿。

アーティチョークチョコレート

Artichoke chocolate

カカオ豆の産地を選定し、独自の製法でクラフトチョコレートを作る専門店。春から秋にかけてイートインでパフェを提供している。チョコレートのおいしさを引き出すため、果物やお茶を使った季節限定のパフェもある。本作はチーズ専門店とコーヒーロースター、チョコレート専門店による、清澄白河の職人さんのコラボパフェ。カカオティー付き 1200 円

東京・清澄白河

More info ▸▸ P109

チョコレートは
コロンビア産。
力強く、少し酸味もある

／ 創り手に聞く  ／

ロイヤルホスト株式会社・パフェ開発担当者

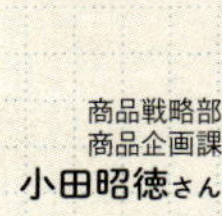

商品戦略部
商品開発課
上田梨愛さん

商品戦略部
商品企画課
小田昭徳さん

すてきなパフェ体験を、全国に届けたい。

全国217店舗を展開するファミリーレストランでありながら、素材や構成に一切妥協しないパフェを季節ごとに販売するロイヤルホストさん。ファミレスならではの難しさや工夫を伺いました。

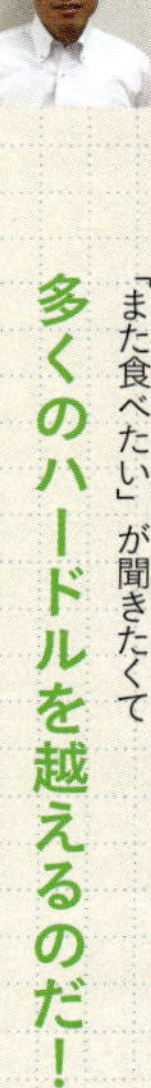

「また食べたい」が聞きたくて
多くのハードルを越えるのだ！

「ロイヤルホストは他のファミレスと比べて値段が高い、と思われることもあるので、お値段以上の体験をしていただけるよう意識しています。開発会議では試食を重ね、見た目、食材の組み合わせ、食感、冷たさ、味、値段等の項目を検討します。開発者・上田の想いを最大限お客様に届けられるよう、開発メンバー全員で努力しています（小田さん）」

「全217店舗で一定期間、同じクオリティで出すには、食材はサイズや熟度の揃ったものをきちんと確保できることが大事です。また食材の種類が多くなると工程数も増えてしまい、オペレーションが大変になるので、種類数も考慮します（上田さん）」

メロンデザート3種
（2018年7月11日～9月上旬販売）

開発までの流れ

- **年初**　1年間の商品ラインナップは大体決まっている。
- **～3月**　上田さんが商品の構成をつめる。
- **4月**　商品戦略部（企画／開発／オペレーション）　営業部（店舗運営）　社長
  試食後、商品決定
- **5月上旬**　メニュー写真撮影
- **7月**　店舗にて販売開始！

メロンデザート3種 2018年ver.図鑑

メロングラニータのトールパフェ

880円（一部店舗は930円）

FROM ONOYA

みずみずしいメロンがしっかり味わえるのはもちろん、一番上にザクロをのせるセンスが素晴らしい（斧屋）

フレッシュメロン&グラニータ

680円（一部店舗は730円）

商品写真：食の工房

FROM ODA

食事の後でもパフェを食べたい気持ちに、ピッタリのサイズ。小さくても果実感をたっぷり味わえます（小田さん）

メロンのショートケーキ仕立て

580円（一部店舗は630円）

商品写真：食の工房

FROM UEDA

メロンのデザートでまず思い浮かんだのがショートケーキ。中にグラニータが入った涼しいケーキをグラスで表現しました（上田さん）

「さくらんぼのパフェ」
～さくらんぼのジュレにサワーチェリーをうかべて～

Q
上田さんのパフェ作りのポリシーは？

A 季節を感じられるように素材をしっかり大切にすること。特に果実のパフェは、最後をその果実で締めくくれるように、深層に果肉を仕込むのも大事にしています。開発担当者になって4年目です。「ロイヤルホストのパフェ」でネット検索し、お客様の評価を知るなかで、最近は少しずつ大胆な食材にも挑戦できるようになってきました

深層では、さくらんぼのジュレにサワーチェリーが浮いている。ここでも最後まで果実感がしっかり。
※販売期間＝2017年5月10日～7月初旬。

Q
これから使ってみたい食材は？

A 2016年に使ったいちじくは、もう一度使いたい。いちじくという食材は、生産者からの調達、店舗での管理、お客様のテーブルに届くまで、一連の流れを管理するのが難しい。ですので精度を高めてから、再度挑戦したいです。また柿は店舗で使うには十分な量を確保しにくいので、パフェで使ったことがないのですが、いつかは使いたいと思っています

ぷちぷちした食感を楽しめるフレッシュな果実が使われている。ファミレスで挑戦した勇気とパフェ愛がすごい！
※販売期間＝2016年9月6日～10月初旬。

「いちじくのパフェ」

商品写真：食の工房

第2層

日本全国パフェ巡り

日本全国でパフェを食べ歩いてきました。名古屋、京都、大阪といった大都市圏はパフェの種類も豊富。札幌、石川、岡山では、観光資源としてパフェを売り出しています。九州はフルーツを中心に、元気なパフェがいっぱい。ぜひ、日本各地のパフェを楽しんで。

まだまだ行きたい
お店がたくさん
あるよ――。

1
1. 札幌
P80
シメパフェ発祥の地は
アイス主体のパフェ。
2. 愛知・岐阜
P84
喫茶店・カフェと
パフェの関係。
4. 大阪・京都
P88
パフェがたくさんで
食べきれない。

CHAPTER _02

ご当地色も楽しい！

日本各地のおいしいパフェMAP

ところ変われば、パフェ変わる。パフェ天国・日本をぐるりご案内。
（地域の偏りはおゆるしを…！）

NEXT
斧屋が 撮った！ 行った！ 食べた！ パフェ行脚レポ

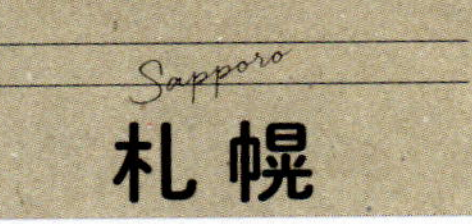

シメパフェ発祥の地は アイス主体のパフェ。

カフェテラス　ボン・ボワザン

café terasse BON-BOISSON

シメパフェではないが、昔ながらの喫茶店が出すバランスのよいパフェをおススメしたい。自家製紅茶ゼリー＆紅茶シフォンケーキとオレンジの相性がいい。パンプキンパフェもぜひ食べてみて。

北海道・札幌　More info ▸▸ P111

アーモンドに カラメルソース

TOP

酸味、苦み、甘みのバランスよし。

紅茶パフェ　880円（税込）

ランプと砂時計。
何だこれは。

レモンと魔法のランプ　1880円（税込）

ZOOM

ひらけ〜 ゴマ!

レモンが甘くなる!? 魔法の実の食べ方

幸せのレシピ 〜スイート〜　すすきの店

魔法の実（ミラクルフルーツ）を舌の上で3分間転がしてからレモンを食べると甘く感じるよ、という実験的なパフェ（効果は個人差がある）。メニューブックのパフェのイラストがかわいいので注目。

北海道・札幌

More info ▸▸ P110

うにパフェ　1550円(税込)

つい、
頼んでしまう

夜パフェ専門店 Parfaiteria miL

パフェテリア　ミル

圧倒的ビジュアル。カカオシューにブラッドオレンジムースを盛り付けて、うにを見事に表現。うにの下もカカオ主体の構成となっている。見れば分かるように、食べにくい。でも、頼んで悔いなし。

北海道・札幌

More info ▸▸ P111

スイーツバー Melty

メルティ

オーダーシートで中身を選んで、自分好みのパフェを注文できる。ジュレ、フルーツ、ジェラート、トッピング、別添えのリキュールを選択。友達と一緒ならわいわい選ぶ。ひとりならじっくり選ぶ。

北海道・札幌

More info ▸▸ P110

選択肢が多くて
悩む悩む。

マイ★パフェ　1080円（税込）

パフェ、珈琲、酒『佐藤』

夏期限定のパフェ。上から下までメロンづくし。中層のライムとミントのグラニテは酸味が強めなので、ホワイトチョコの帽子の甘みでバランスを取る。通年のパフェメニューも全部オススメ。

北海道・札幌

More info ▸▸ P110

メロン　ライムとミント　1480円（税込）

一旦帽子は脱いで置いておく

TOP

刻んだミントが爽やか

パフェ、珈琲、酒　佐々木

『佐藤』の姉妹店としてオープン。「ショコラ」は4種類のチョコを使用したチョコづくしのパフェ。「季節のフルーツ」はレモンとヘーゼルナッツが様々に姿を変える、対比と変化が面白いパフェ。

北海道・札幌 More info ▸▸ P110

ブロンドチョコのアイスが特徴。

ショコラ〜岩塩とオレンジの香り〜
1350円（税込）

長く伸びるのは檸檬メレンゲ

季節のフルーツ
〜檸檬とヘーゼルナッツ
タイムの香り〜
1800円（税込）

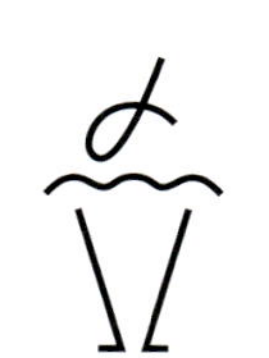

札幌シメパフェ

札幌パフェ推進委員会に聞く

シメパフェ文化論

一過性のブームではなく、土地がもつ文化的背景と地元民の愛で成熟してきたシメパフェ。2015年以来、すっかり定着した文化の来し方行く末を、2名の委員にうかがいました。

シメパフェは ライフスタイル

札幌はお酒の消費量が多く、また冬でもアイスを食べる習慣は以前からありました。そこに『シメパフェ』という名前をつけて民間主導で打ち出していこうとしたのが成功のカギだと思う。じつは接待や宴席の後の『2軒目どこいく問題』ってあったと思うんです。海鮮丼やラーメンやスープカレーの後に、お酒を飲む人も飲まない人も楽しめる空間って、実は少ない。そんなときに2000円ぐらいで、お酒もあるしパフェもあるシメパフェのお店はちょうどいいんです。どんな食べ物の後でもするっと食べられる、『すきま産業』と言いますか（笑）、新しいライフスタイルとしての提案がちょうどハマッたのだと思います（磯崎智恵美さん）

シメパフェは エンタメ

札幌にも娯楽は多々ありますが、東京に比べれば音楽ライブや美術館など大人が楽しめるものは少ない。そんな中で、華も演出性もあるパフェはエンタメとして支持されているのでは。今後は、親子で畑に行き、果物を収穫し、それをパフェにして食べるという、食育にもなる『パフェツーリズム』を提案し、地域の魅力も掘り起こしてみたいです（小林仁志さん）

シメパフェは 観光資源

各地の百貨店での催事でも、パフェの要望が増えています。物産展では『ロイズの生チョコ』や『白い恋人』などの定番物販で違いは出しにくいですが、パフェならイートインで差を出せます。海外の催事からもオファーがあり、日本のおいしい果物や美しい盛り付けを、『北海道の食文化』を越えて『日本の食文化』として発信できるかが課題です（小林さん）

カフェ・ド・リオン

cafe de Lyon

名古屋のパフェの名店。旬のフルーツをふんだんに使った、背の高いダイナミックなパフェを季節限定で提供。すぐ満席になるので予約推奨。近くに席数の多い2号店がオープンした。

愛知・名古屋 More info ▸▸ P111

桃のまるごと感

TOP

天を衝くパイ生地の剣。

特撰白桃づくしパフェ 1580円（税込）

上から下までぶどう、ぶどう、ぶどう。

特撰W葡萄のパフェ 1850円（税込）

TOP

ぶどうの危険な組み体操

壁にはメニュー説明がずらり

どこからどう見ても、
納豆。

白ゴマ納豆パフェ　レギュラーサイズ680円（税込）

まちのちいさなパフェ屋さん

「味はともかく、面白さで勝負のパフェ」ではなかった。自家製白ゴマアイスと納豆が妙に合うのだ。白く糸を引く納豆に不思議な気持ちになる。秋から冬にかけての「石焼きいもパフェ」もオススメ。

愛知・江南 More info ▸▸ P111

パフェメニューがたくさん

クリクリ

KURIKURI

二週間ごとに新しいパフェが出る、パフェ愛にあふれるお店。パフェはすべて自家製で、アッサムティーアイス、アールグレイクリーム、ロイヤルミルクティーアイスと、紅茶の魅力が詰まっている。

岐阜・多治見
More info ▸▸ P111

お得な平日の朝パフェセットあり

朝パフェ！
平日モーニングタイムは各パフェとセットのお飲み物が200円引に！

紅茶の風味がすばらしい。

紅茶パフェ　800円（税込）

意外とパフェが
多い北陸。

Ishikawa
石川

加賀市のおもてなしメニュー これが「加賀パフェ」！

おからクッキー&甘酒シフォンケーキ etc. 老若男女に人気のお店の昔ながらパフェ

880円（税込）

はづちを茶店

石川・加賀

More info ▸▸ P111

色鮮やかな多層のパフェ。ブラックペッパー風味のおからクッキーに温泉卵をつけて食べると楽しい。吸坂飴のソースは最下層のゼリー部分でかけようかな。

甘酒ゼリー・醤油ジェラート・漬物 etc.
3種の生野菜ものった旅館の板長パフェ
880円（税込）

ギャラリー＆ビストロ べんがらや

生野菜、蓮根餅、野菜のシロップ漬けがあり、アイスがどんどこどんと入り、漬物が出てきて、これはデザートなのか何なのか、しかし健康にはよさそうね、などと考えている間に完食してしまうのだ。

石川・加賀 More info ▸▸ P111

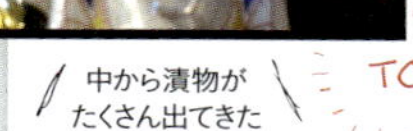

中から漬物が
たくさん出てきた

TOP

フルーツむらはた 本店パーラー

金沢、兼六園近くのフルーツパーラー。珍しい果物から人気の果物まで、年間30種以上の期間限定のパフェを提供する。6月に食べた宮崎産のマンゴーパフェは、さすがの甘みと香り。

石川・金沢 More info ▸▸ P111

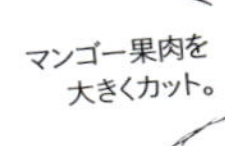

マンゴー果肉を
大きくカット。

TOP

宮崎マンゴーパフェ 3000円（税込）

パフェがたくさんで食べきれない。

フクナガ 901

FUKUNAGA901

駅ビル店舗は 901、河原町のお店は 294。パフェの名前は「〜やま」。いちごやま、だいだいやま、さくらんぼやま、ぴーちやま、めろんやまなど、見た目もかわいいパフェを提供している。

京都・京都駅 More info ▸▸ P111

マンゴー、もこもこ

TOP

キウイとドラゴンフルーツの断面美。

トロピカルやま 1700円（税込）

ジェラート4個入り。

ショコラパフェ 1550円（税込）

スギトラ

SUGiTORA

ジェラート屋さんのイートインで食べるパフェ。チョコやチュイールの飾りがシック。もちろんジェラート主体のパフェだが、季節のフルーツを使った限定パフェは、お酒を使った大人向けのものも。

京都・河原町 More info ▸▸ P111

オレンジ果肉かと思ったら、ゼリーだ!

エキゾチックオランジェのパフェ 1650円（税込）

ときじくのかぐのこのみ 土佐堀店

果物屋さんのイートインでいただくパフェ。どのメニューもフルーツを盛り盛りにした元気なパフェだ。本作は甘味の強いアメリカンチェリーを桃のシャーベットやライチゼリーと合わせた夏限定のパフェ。

大阪・肥後橋 More info ▸▸ P111

アメリカンチェリーパフェ *2000円（税込）*

夏はパフェも
かき氷も人気

Florentins

フロランタン

大阪にもシメパフェのお店ができた。チョコレートとパフェ、そしてお酒が楽しめるお店。どのパフェも趣向を凝らしていてオシャレ。オプションでパフェに合うお酒をちょい足しすることができる。

大阪・北新地

More info ▸▸ P111

【黒】紅茶 *1480円*

7月のパフェ
〜ぴちぴちピーチ
メルバパフェ〜
1780円

杏仁と蜂蜜の
2種のアイス入り

フルーツパフェの街 おかやま

くらしき桃子 倉敷本店

フルーツの風味、食感を生かした、旬のフルーツパフェが食べられるお店。フレッシュ果肉をこれでもかと盛り付けたジューシーなパフェが季節とともに移り変わり、年間30種以上登場する。

岡山・倉敷 More info ▸▸ P111

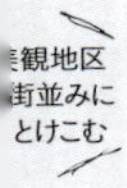

桃パフェ 1404円（税込）

2種のさくらんぼパフェ
2376円（税込）

極早生ニューピオーネパフェ
1728円（税込）

岡山の〝宝〟を東京でも発信！

「おかやま白桃パフェDays」

パフェを市の観光資源として活用し、2012年から東京・丸の内で実施されているイベントを紹介。毎年8月9、10日は「はくとうの日」と覚えよう！

岡山の知名度UPのため抜擢された

「パフェの力」！

2012年当時、岡山市は認知度・愛着度が低位とのデータがあったそう。「岡山が誇る高級果物の白桃やぶどうを、都内の人気カフェでおしゃれ&手頃に体感してもらう機会を作り、首都圏における岡山市の知名度やイメージの向上を実現しよう、と始まりました（岡山市政策局・三田村直幸さん）」

毎年8月9、10日に東京で行われる当イベントでは、丸の内にあるカフェが、それぞれ工夫をこらしたフルーツパフェを提供（2015年からは大阪でも開催）。年々、完売までの時間が短くなっているというから、観光大使としてのパフェの力、おそるべし！

器も盛りつけも、様々。

2018年実施店舗一覧

Café 1894

A16 TOKYO

京橋千疋屋
丸ビル店

CAFE　LEXCEL
丸の内ビルディング店

HENRY GOOD SEVEN

アフタヌーンティー・
ティールーム
丸の内新丸ビル

PASTA HOUSE
AWkitchen TOKYO

とっとり・おかやま新橋館
「ビストロカフェ
ももてなし家」

Kyushu
九州

元気で尖ってる、九州のパフェたち。

プリンス オブ ザ フルーツ
PRINCE of the FRUIT

「フルーツマニアの為のお店」と称するフルーツパフェ専門店。選りすぐりのフルーツとジェラートの幸福な出会い。希少なフルーツを使ったパフェは、数日で終了することも。フルーツ好きは、行け。

福岡・薬院大通
More info ▸▸ P111

宮崎マンゴーの最高峰。

宮崎県産〝太陽のタマゴ〟マンゴーパフェ
5000円（税込）

山形県産〝佐藤錦〟さくらんぼパフェ
2500円（税込）

セレブパフェ 1000円（税込）

ハワイ

パフェへの情熱が尋常でないお店。本作は100%果汁仕込みのジェラートとヴァローナ社のチョコ、無添加のソフトクリームが自慢のパフェだ。珍妙な動物のパフェカップにも注目せざるを得ない。

長崎・長崎出島 More info ▸▸ P111

ハワイだが、長崎。
長崎だが、ハワイ。

パリパリチョコレートパフェ 680円

フレッシュメロンの
ショートケーキ風パフェ

ランズ カフェ 880円

Ranzu Cafe

若者でにぎわうお店のパフェは、どれもなんだか青春してる。メニューが多すぎて迷うとか、みんなでシェアするとか、楽しそうね！アイスやソフトクリームにこだわり、パフェの構成はアイス中心。

大分・大分 More info ▸▸ P111

フルーツ大野

珍しいフルーツを使用したパフェも食べられるフルーツパーラー。「トロピカルパフェ」は南国のフルーツがあふれて、マンゴスチンとランブータンは皿の上にゴロリ。フルーツ全員集合感がすごい。

宮崎・宮崎 More info ▸▸ P111

トロピカルパフェ 1580円（税込）

く…、
くせえ…

ドリアンパフェ
1280円（税込）

＼ パンケーキの伝道者・トミヤマユキコさんと考えた！ ／

「ネオ日本食」としてのパフェ

パンケーキ好きが高じて刊行した『パンケーキ・ノート』著者のトミヤマさんが、今注目する食文化は「ネオ日本食」。「〝和パフェ〟というのがある時点でパフェはネオい」と語る彼女と一緒に、パフェに新しい視点で切り込んだ。

トミヤマユキコさん

ライター・早稲田大学助教。『パンケーキ・ノート』ほか著書多数。「おいしい」だけでなく「面白い」という視点で食を書く姿勢にファン多数。

はじめに

ネオ日本食とは

ホットケーキ、ナポリタン、オムライス、焼き餃子など、海外から来たはずなのに、いつのまにか「日本食」としか言いようのないものへとガラパゴス的に独自の進化を遂げた料理たちのこと。トミヤマさんが命名。

パフェが〝ネオれた〟4つのポイント

1.「きれいな見た目」に凝れる

めちゃかわいい！「映え」的には最高！

FUKUNAGA901（P88）

「動画映え」も含めて、パフェの見せ方はどんどん進化している

野菜でも果物でも、規格外の色や形のものはすぐにはじくなど、見た目を気にするのはすごく日本的。パンケーキは食べるときに切るので、最初きれいな盛り付けでも、食べ始めたら崩れてしまいますし、それはもう仕方ない（笑）。でもパフェは上から順に食べるから、きれいな部分が下でずっと待機してる。食べ始めたら見た目は気にならない、とはなりにくいと思うんです。そのぶんどんどん洗練されたり、ネオれる余地があるんだと思う！（トミヤマさん）

2. 見た目の「振り幅」が許されている

Shinfula(P28)

器に選択肢が多いので楽しいですよね。ゼリーやプリンと比べても、パフェの器って縦にも横にも自由。パンケーキは四角く焼いたところで、テンションが上がるかというとそうでもない。良しとされるベクトルが「丸くて分厚い」とほぼ決まっているから。でもパフェは器ごとに立体感が出しやすいぶん、見た目の幅も広がるのが面白いと思います（トミヤマさん）

器がこんなにものを言うお菓子ってない！

3. 「イベント」との相性が良い

キャラクターのイベントに出店されるコラボカフェは、最近ほぼパフェを出すようになった。そこまで高いレベルの味を求められていなければ、パフェはメニュー開発しやすい。上から順に材料をつめればいいので、アルバイトでも一応作れる。今はクッキーに絵などを印刷できるので、キャラ絵を印刷したクッキーをのせておけばそれなりにかっこつくパフェは、コラボイベントに向いている（斧屋）

かき氷ほどの抵抗感なく冬もイケるから、季節の限定性からも自由だよね（トミヤマさん）

ギャラリー＆ビストロ
べんがらや（P87）

4. 食に対して客が「寛容」である

『べんがらや』のパフェは漬物が入ってるの!? 普通「和」に寄せるといっても、抹茶味などにするところを、漬物を入れたのがスゴイ。こういう「悪ノリ」をする人というのが大事！ 悪ノリをする料理人と、食べてみたらそこまでまずくないからいいかという寛容な客によってしか、こういう文化はキープできない。「フランスのパルフェに謝れ！」みたいなことを言う人ばかりだとこういう食文化は発展していかない。宅配ピザやランチパックなど、おいしいよりも「面白い」にいってしまうエンタメ性が「ネオ日本食あるある」です！（トミヤマさん）

「ネオりかた」をいざ検証。

全国で斧屋が出会ってきたパフェを振り返ると、
大小様々なネオぶりがあらわに。

白ゴマ納豆パフェ

（まちのちいさなパフェ屋さん／ P85）

メニュー名でみんなが想像する味みたいなのがあって、あらかじめハードルが低いぶん、食べてみると、なんだおいしいじゃないかってなる。クリームとあいまって白く泡立つ納豆と白ゴマアイスの相性がよい（斧屋）

まぁ甘納豆とかもある…もん…ね…

一本一本トゲの部分を食べるのに時間がかかる

うにパフェ

（Parfaiteria miL ／ P81）

かぶいてなんぼ、というか、これを食べにくいと言う人は野暮で、食べづらいものをいかにきれいに食べるかが作法なのだ、みたいなことってあるよね。茶道などのややこしさにも通じるけど、食べにくいからダメ、なのではなく、食べにくさを楽しむというのが日本的（トミヤマさん）

特撰白桃づくしパフェ

（cafe de Lyon ／ P84）

何この長い部分!?　ちょっと意味分からない長さでしょ！　作る人の中で、おいしいより面白いが勝つ瞬間が絶対あるんだって！（トミヤマさん）

パフェの論点

パフェを食べ歩いていると、いろいろなことが気になってきます。器の形はどうだろう。メニュー名やパフェの説明はどうなっているだろう。パフェの構造はどうなっていて、どう食べるのがいいだろう。最終的には、食文化とは何だろう、と考えてしまうのです。

考えれば
考えるほど
深い。

01

パフェグラスとスプーン

パフェは、中身が同じでも、グラスによって全く別のものになるという面白さがあります。ひだのように波形に開いたグラスや、腰がくびれたようなグラス。グラスは、「ごほうび感」を演出し、中身をより美しく見せる衣装のようなものです。そもそも、「パフェは縦長のグラスに入っているものだ」というイメージがとても強いですよね。パフェグラスは、まずはそのデザートとしてのイメージ付けに強く作用する役割を持っているのです。

一方で、器はパフェの食べ進め方に影響を与えます。縦長のグラスは、食べる順番をはっきりさせやすく、層を独立させ、混ざりにくくする働きがあります。口が開いた浅めのグラスは、グラス上を立体的に飾ることができるという長所があります。食べ方の自由度は、後者の方が高めになります。器が透明ではない場合や、器が平皿の場合もまた、食べる体験は全く違うものになります。

スプーンも大事で、グラスの形状にあったスプーンでないと、最後まですくえなかったりするのです。スプーンは他にも、割る、掘る、混ぜるといった役割も担っています。パフェを食べるときに、器の働きに注目してみると、また新たなパフェの深みにはまっていけるかもしれません。

オペラ通り
「ヨーグルト&ベリー」(2017年)。夏期限定のパフェには、最後まですくえるように、2種のスプーンがつく。

パティスリー リュー ド パッシー
開いた器なら華やかに盛れる。食べ方の自由度も増す。

02

説明するパフェ、しないパフェ

お店側がパフェを説明する、ということが多くなってきました。そもそもパフェは縦長のものが多く、中身が分かりにくいものです。構成に自信があるパフェほど、そのこだわりを知ってほしいという思いから、パフェを説明するということが多くなってきています。何が入っているのか、どのように手が加えられているのか、どのように食べ進めるとよいのか。パフェをイラストにしたり、写真にキャプションをつけたり、メニューとは別に展開図や説明書をつけたり。たとえばフルーツパフェの説明書に、フルーツの品種についての情報があると、読んで楽しみながら食べることができます。これは、「知る楽しみ」です。

一方、パフェの中身をあえて説明しないという方法があります。これも自信の表れで、驚きを与えるためにネタバレを避ける、という楽しませ方です。具体的には、中身が推測できないようなメニュー名にしたり、透明ではない器にすることで、食べてみないと分からないパフェにしたりするのです。これは「知らないことの楽しみ」です。どちらがいいというのではなく、情報の開示／非開示をうまくコントロールすることで、パフェのおいしさ、楽しさをより高めることができるのです。

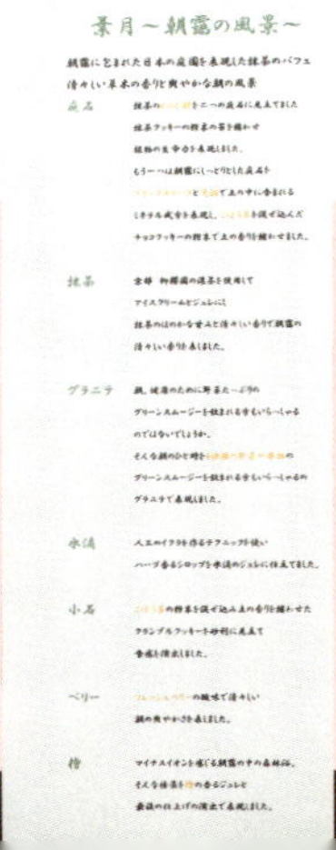

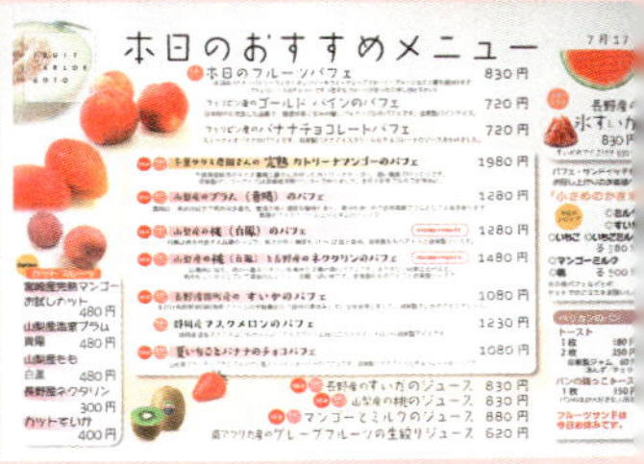

フルーツパーラーゴトー
日ごとに変わるおすすめメニューの紙。読んでいるだけで楽しい。

シンフラ
パフェのそれぞれの素材に込められた意味を事細かに説明。

03

パフェの食べにくさ

ひさしぶりにパフェを食べる人は、まず、「パフェってどうやって食べるんだっけ」と思うかもしれません。確かに、パフェは基本的に食べにくいものです。グラスの上にフルーツやクリームが盛り盛りになっていて、どういう順番で食べようか、混ぜて食べようか、油断していたらフルーツが転がり落ちてしまわないかとか、何かと緊張するのです。夏の時期は、全国のいろいろなお店で桃をグラスの上に球体のまままのせた「まるごと系パフェ」が増えます。そのままでは食べられないものは、別の皿に一度降ろしてから食べるのですが、ここで、「どうせ降ろすなら、グラスの上にのせなければいいじゃないか」と思ってはいけない、絶対に。だって、のっていた方がかわいいんだもん。

それはともかく、「食べにくさ」は、パフェと向き合うことにつながります。どうやって食べたらいいだろうか。どのようにスプーンを使えばいいだろうか。どのくらい力を込めれば、果肉をきれいに割けるだろうか。「食べにくさ」は、ながら作業を妨げ、パフェを食べることに集中させ、よりパフェをおいしく食べることにつながります。この意味で、「食べにくさ」はパフェの利点にもなるわけです。

おやつ処　茶寿

お店が「食べにくさの追求」と形容するパフェ、「もも丸オレンジ」。

パフェテリア　ミル

作る方も大変。
食べる方も大変。
でも最高に面白い。

04

「映え」だけでなく。

「インスタ映え」「SNS映え」が現在のパフェブームの一端を担っていることは間違いありません。美しい、かわいい、インパクトのあるパフェ画像が、インターネット上にあふれています。その画像を見て、人気のお店には毎日行列ができ、みんながパフェを食べる。冬の寒い朝でもパフェ目当てにお店に並ぶということが、現実に起こっています。

パフェがブームになることはとてもうれしいのですが、一方でバランスを取りたい、と思う気持ちもあります。何のバランスかというと、五感です。パフェは五感で楽しめるデザートであり、特に凝ったものは香りや食感に優れたものが多いのです。美しいパフェはもちろん大いに結構ですが、香り遣いや食感が心地よく、素材にこだわった「味に自信あり」のパフェに注目したいのです。この本では、そういったこだわりのパフェを多く紹介してきました。

ぜひ、インスタ映えしないかもしれない、おいしいパフェを食べに行ってください。そして、スプーンですくって口に入れたら、目をつぶって、その味、食感、香りに酔ってみてください。視覚も大事、だけど他の知覚も同じくらい大事です。パフェを食べることで、五感全体に快い刺激を。

d47食堂
ひとつの素材を柱としたパフェは、派手さはないが、信念が伝わる。

05

パフェのネーミング

パフェのネーミングは、とても大事です。なぜなら、パフェはイメージが大事で、そのイメージ付けに、ネーミングは器と同じくらい強い影響力を持つからです。最もスタンダードなものは、「〜パフェ」という名前で、フルーツパフェとかいちごパフェとかの、よくある名前です。ちょっとオシャレ感を出していくと、「パルフェ」となります。「これはパフェなのか?」という疑問が起こりそうな食材を使っている場合は、「パフェ仕立て」、「パフェ風」といった名前もあります。野菜をパフェグラスに盛り付ける場合などですね。パフェだけど、メニュー名に「パフェ」が入らないケースも増えています。パフェで表現しているものの名前をメニュー名にしてしまうのです（ミルキーウェイなど）。ちなみに、パフェとサンデーについては、お店によって名付け方の基準がまちまちで、もうはっきりとした線引きができなくなっています。

お店の方は、ぜひパフェのネーミングに凝っていただきたいと思います（最近はファミレスのメニュー名も凝ったものが増えてきました）。パフェの名前は、パフェで何を目指しているか、の追究の成果でもあるのです。

デニーズ
「苺苺苺苺苺苺苺苺苺苺苺！のザ・サンデー」（いつまでもどこまでもいちご）

2018年初めに店舗限定で提供された。名は体を表す。

パフェテラス ミルキーウェイ「水瓶座」

これのどこが水瓶座なのか。いや、でもなんとなくそう見えてきた…。

06

パフェの着想

パフェのメニューの着想をどのように得るか、ということが大事だと思うようになりました。私は自分でパフェを作ることはしませんが、どのようにそのパフェが出来上がったかには注目したいのです。パフェの取材を進めると、「他のお店のパフェのことはよく知らない」、「パフェを食べ歩いたりはしない」というお店の方が多くて、初めは意外な気がしましたが、後で納得もできました。このフルーツを使おうとか、この組み合わせを試したいとか、伝統的なお菓子をパフェとして再構築したいとか。新しいパフェの始まりは様々ですが、いずれにせよ、表現したいことの成果がパフェであり、他のお店のパフェに関心を持つ必要はないわけです。むしろ、パフェの優れた着想は他の文化や芸術から得られることが多いように思います。

一方、「パフェはこういうもの」というイメージだけが先行してしまうと、結果的にあまりおいしくないパフェができてしまうということがあります。どの食材をどのように使うか、なぜその食材を使うのか、そこに意味がなければいけません。ですから、SNS上で話題になっているパフェの外観だけを取り入れた、思想なきパフェはいけません。そこに意味がなければ。

カフェ中野屋
ひまわり、葉、土のイメージ…、細部までこだわって創り上げる。

ファブカフェ
いちごパフェの再構築として、様々な工夫・技巧が見られる。

07

パフェにとって完成とは何か

パフェにとって完成とは何でしょうか。パフェは、時間経過が如実に質を低下させる「生もの」です。アイスクリームは溶けていきますし、層状に連なっていたものは自然に混ざっていき、パリパリ・サクサクしている素材も水分を含んでしまうと食感が失われてしまいます。こうした時間的制約ゆえに、テイクアウトのパフェは作りづらいのです。さて、ということは、パフェは提供時こそが完成品で、そこから完成度が落ちていくものなのでしょうか。必ずしもそうではない、と私は思います。たとえば、ソースをかけたり、割り入れたりするパフェを見れば分かるように、パフェの体験には食べ手の能動性が関わっています。これは食べる行為全般に言えることですが、層構造を成す性質上、特にパフェは食べ方(何から食べる・混ぜる)によっておいしさが大きく変わってしまいます。

「完成」を一番おいしいことと解釈するなら、パフェの完成とは、ある時点での静的な状態を指すのではなく、音楽の演奏のように、食べ終わりまでの時間経過全体を指す動的なものではないでしょうか。つまり、パフェは、創り手と食べ手の共同作業により、時間芸術として「食べながら常に完成していく」ものなのです。

ORDER SHEET お客様のお名前

◯で囲んでください

ジュレ ベリーベリー 紅茶 ミルクティー コーヒー コーン茶レーク(ジュレが苦手な方はぜひ!)

フルーツ 桃 バナナ アロエ

ジェラート ゴールデンバニラ ストロベリーチーズケーキ 抹茶黒みつ トリプルチョコレート 豆乳(数量限定) あずきミルク フランボワーズシャーベット メープルクッキー ラムレーズン ココナッツ ベリーベリーストロベリー マンゴーシャーベット

2種類選んでね♪

トッピングA クランチ ココナッツ アーモンド マシュマロ きなこ シナモン アラザン カラースプレー チョコチップ バター 黒みつ はちみつ 練乳 チョコシロップ キャラメルシロップ

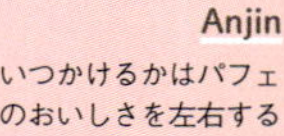

トッピングB 生クリーム いちご バナナ フローズン ブルーベリー フローズン ラズベリー いちごソース キウイソース

リキュール

ドリンク

Melty スイーツバー

スイーツバーMelty

食べ手が中身を選べるパフェは、完成度を気にしなくてもいい世界。

Anjin

いつかけるかはパフェのおいしさを左右するのでけっこう大事。

08

パフェ文化の成熟を祈って

パフェがブームになったことで、エンターテインメントとしての魅力は、多くの人に共有されるようになってきました。アニメやライブ、スポーツなどのように、作り手(演者・競技者)がいて、表現されたもの(コンテンツ・作品・競技)があって、それを愛好するファンがいるという図式はパフェにおいても変わりません。今後、パフェを巡る文化がどのように発展・成熟していくかを考えるにあたり、様々なエンターテインメントにおけるファン文化から、教訓を得るべきことが多いように思います。

以前からずっと、少し冗談めかして、「パフェが一番エラい」と言ってきました。ブームが起きると、作り手や表現されたものに対して敬意を欠く人たちがどうしても一定数出てきてしまいます。人気のお店に対しては、その分いわれなき批判の声も大きくなります。そのことで、パフェ文化が不毛な形で疲弊していくことは避けなければなりません。パフェは、仕込みも仕上げも大変手間のかかるもので、だからこそ美しくおいしいのです。そうしたお店のご苦労があって、パフェの「美」を体験できる。また、食べ手のパフェへの想いによって、パフェはもっとおいしくなるのです。パフェと創り手に敬意を。

パフェが一番エラい。

HACHIDORI

手間のかかったパフェは提供にも時間がかかる。パフェを待つ時間も楽しみたい。写真は『チョコレートフォンデュ』。いちごの栓を抜くとチョコが流れ落ちる仕掛け。

C'est parfait!

あとがき

～食後の余韻～

いかがだったでしょうか。
少しでもパフェの魅力が伝わったとしたら、筆者としてこの上ない喜びです。

いま、リアルタイムの情報はインターネットで何でも調べられる時代です。たとえばインスタグラムを見れば、パフェの画像はいくらでも見つけることができるでしょう。
それでもなお、パフェの本を出すことにどんな意味があるでしょうか。それは、思考の軸を提供することだと考えています。情報過多の時代には、選択する判断力が問われます。「情報はたくさん手に入ったが、結局どうする？」が問題なのです。

「一番おいしいパフェのお店はどこですか？」とよく聞かれます。でもそれは本来筆者が教えるものではなく、自分で発見するよりないのです。まずは手始めに、この本で紹介したお店でパフェを食べてみてください。でも、そこで食べたパフェをあなたがおいしいと感じるかどうか、筆者は保証しません。結局は、「おいしい」は自分の中にしかないものです。本書に載せられていないすばらしいお店も全国にたくさんあります。お店との出会い、自分の身体との対話の中で、その人の「おいしい」を見つけるべきだと思っています。
「おいしい」は味覚に限らないですし、パフェの魅力は「おいしい」に限りません。パフェの幅広い魅力を感じられる感性や判断力を磨くためのひとつの手がかりとして、本書を活用していただけたらと考えています。

ここ数年のパフェブームの中で、重要な書籍も出版されています。そのいくつかをご紹介しましょう。本書とあわせて読んでいただき、パフェにもっと魅了されてください。

『東京パフェ学』（2015年・文化出版局・斧屋著）…パフェを考える手引き兼ガイドブック。

『パフェログ』（2016年・オレンジページムック）…パフェの写真の撮り方に特徴あり。東京のパフェ紹介。

『パフェの発想と組み立て』（2017年・誠文堂新光社・藤田統三著）…パティシエ、藤田統三氏によるパフェのレシピ集。

『パフェ』（2018年・柴田書店）…人気店のパフェの構成やパーツのレシピ、フルーツカッティングや盛りつけのテクニックを紹介。

最後に、たくさんの感謝を。

パフェを出されるお店のご協力なくしてはこの本が完成することはありませんでした。パフェに携わる全国のたくさんのお店の方々、そして素敵なパフェたち、またパフェの食材に関わるすべての皆さまに感謝いたします。書籍制作にあたっては、カメラマンの皆さま、小学館編集の竹井怜さんに多大なる尽力をいただきました。厚く御礼を申し上げます。

2018年9月5日

パフェ文化が創り手と食べ手の幸福な関係を保ちつつ、発展していくことを祈って

パフェテラス ミルキーウェイ 池袋 …P59

☎：03-3985-7194
📍：東京都豊島区東池袋 1-12-8 富士喜ビル 2F
🕒：11:00 〜 22:00 (L.O 21:30)
休：無休
http://milkyway-cafe.sakura.ne.jp/

パティスリー & ショコラバー デリーモ 目白店 目白 …P24

☎：03-3988-1321
📍：東京都豊島区目白 2-39-1 トラッド目白 1F
🕒：11:00 〜 20:00 (L.O 19:00)
休：定休日はトラッド目白に準ずる
http://www.de-limmo.jp/

トシヨロイヅカ東京 京橋 …P38

☎：03-6262-6510
📍：東京都中央区京橋 2-2-1 京橋エドグラン 1F・2F
🕒：11:00 〜 20:00 (L.O 19:00)
休：サロンのみ火曜休
http://www.grand-patissier.info/ToshiYoroizuka/

中村藤吉本店 銀座店 銀座 …P72

☎：03-6264-5168
📍：東京都中央区銀座 6-10-1 GINZA SIX 4F
🕒：10:30 〜 20:30 (L.O 19:45)
休：不定休
http://www.tokichi.jp/

ビストロ・マルクス 銀座 …P52

☎：03-6280-6234
📍：東京都中央区銀座 5-8-1 GINZA PLACE 7F
🕒：ビストロ／ 11:30 〜 16:30
18:00 〜 23:00
バータイム／ 21:30 〜 24:00
休：ビストロ／無休　バー／日曜・祝日
http://www.bistromarx.jp/

リール銀座 東銀座 …P55

☎：03-6278-8270
📍：東京都中央区銀座 3-10-14-2F
🕒：11:30 〜 21:00
土・日曜・祝日 11:30 〜 20:00
休：年末年始
http://rireginza.com/

ショコラティエ パレドオール 東京 丸の内 …P23

☎：03-5293-8877
📍：東京都千代田区丸の内 1-5-1 新丸の内ビルディング 1F
🕒：11:00 〜 21:00(L.O 20:30)
日曜・祝日 11:00 〜 20:00(L.O 19:30)

休：不定休
(新丸の内ビルディングに準ずる)
http://www.palet-dor.com/

関東編

▶渋谷・原宿・表参道

カワイイ モンスターカフェ ハラジュク 原宿 …P61

☎：03-5413-6142
📍：東京都渋谷区神宮前 4-31-10 YM スクエアビル 4 F
🕒：ランチ／ 11:30 〜 16:30 (L.O 16:00)
ディナー／ 18:00 〜 22:30 (L.O 22:00)
日曜・祝日／ 11:00 〜 20:00 (L.O 19:30)
休：無休　http://kawaiimonster.jp/

d47食堂 渋谷 …P67

☎：03-6427-2303
📍：東京都渋谷区渋谷 2-21-1 渋谷ヒカリエ 8F
🕒：11:30 〜 23:00
(L.O フード 21:30、ドリンク 22:00)
休：定休日は渋谷ヒカリエに準ずる
http://www.hikarie8.com/d47shokudo/

トゥルーベリー 表参道店 表参道 …P65

☎：03-6427-7088
📍：東京都港区北青山 3-10-25 1F
🕒：10:00 〜 19:00
休：不定休
http://trueberry.jp/

ファブカフェ 渋谷 …P45

☎：03-6416-9190
📍：東京都渋谷区道玄坂 1-22-7 道玄坂ピア 1F
🕒：月〜土曜 10:00 〜 22:00 (L.O 21:00)
日曜 10:00 〜 20:00 (L.O 19:00)
http://fabcafe.com/tokyo/

文房具カフェ 表参道 …P60

☎：03-3470-6420
📍：東京都渋谷区神宮前 4-8-1 内田ビル B1F
🕒：11:00 〜 22:00 (L.O 21:00)
休：火曜
http://www.bun-cafe.com/

夜パフェ専門店 パフェテリア ベル 渋谷 …P54

☎：03-6427-8538
📍：東京都渋谷区道玄坂 1-7-10 新大宗ソシアルビル 3F
🕒：月〜木・日曜 17:00 〜 24:00
(L.O 23:30) 金・土曜・祝前日
17:00 〜 25:00 (L.O 24:30)
休：無休　http://risotteria-gaku.net/

▶池袋・目白

カフェコムサ 池袋西武店 池袋 …P22

☎：03-5954-7263
📍：東京都豊島区南池袋 1-28-1 西武池袋本店 本館 7F
🕒：10:00 〜 21:00 (L.O 20:00)
日曜・祝日 10:00 〜 20:00 (L.O 19:00)
休：定休日は西武池袋に準ずる
http://www.cafe-commeca.co.jp/

▶東急大井町線沿線

オクシモロン 二子玉川 二子玉川…P70
☎:03-6805-6505
📍:東京都世田谷区玉川3-17-1 玉川髙島屋S・C 南館屋上庭園
🕒:11:00～19:00(L.O 18:00)
休:元日
http://www.oxymoron.jp/

パティスリィ アサコ イワヤナギ 等々力…P16

☎:03-6432-3878
📍:東京都世田谷区等々力4-4-5
🕒:10:00～19:00
休:月曜（祝日・イベントの場合は翌日）
https://asakoiwayanagi.net

▶桜新町

ロイヤルホスト 桜新町店 桜新町…P74
お問合わせ先
ロイヤルホールディングスお客様相談室
☎:0120-862-701
（10:00～17:00／土･日･祝除く）
📍:東京都世田谷区桜新町1-34-6
https://www.royalhost.jp/

▶小田急小田原線沿線

カフェ ティント 下北沢…P58
☎:03-6416-8413
📍:東京都世田谷区北沢2-27-10 D号室
🕒:12:00～20:30（L.O 19:30）
休:火・水曜

カフェ中野屋 町田…P30
📍:東京都町田市原町田4-11-6 中野屋新館 1F
🕒:11:00～定員制
休:不定休

カフェ バルネ 代々木八幡…P53
☎:03-6407-1393
📍:東京都渋谷区富ヶ谷1-2-12 田崎ビル 1F
🕒:18:00～25:00 土・日曜・祝日 17:00～25:00（フード・デザートL.O. 24:00、ドリンク L.O. 24:30）
休:火曜、不定休あり
http://le-barney.com/

成城ル・フルティエ 成城学園前…P39
☎:03-3483-1222
📍:東京都世田谷区成城6-8-5
🕒:10:00～20:00（L.O.19:30）
休:水曜

パティスリー ビヤンネートル 代々木上原…P18
☎:03-3467-1161
📍:東京都渋谷区上原1-21-10 上原坂の上 21番館 1F
🕒:11:00～20:30
休:不定休
http://www.bien-etre-patisserie.com/

▶神楽坂

アトリエコータ 神楽坂…P36
☎:03-5227-4037
📍:東京都新宿区神楽坂6-25
🕒:＊カウンターデザート／月曜 11:00～16:00（メニュー制限あり）
水・木・金曜 11:00～16:00、17:00～19:00（メニュー制限あり）
土・日曜・祝日 11:00～18:00
＊スタッフによるカウンターデザート／月曜 13:00～16:00
＊テイクアウト／10:00～20:00、土・日曜・祝日 10:00～19:00
休:無休
http://www.atelierkohta.com/

▶浅草

フルーツパーラー ゴトー 浅草…P08
☎:03-3844-6988
📍:東京都台東区浅草2-15-4
🕒:11:00～19:00
休:水曜（※不定休あり）

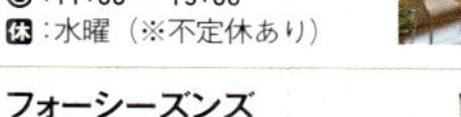

▶西葛西

フォーシーズンズ カフェ 西葛西…P10
☎:03-3689-1173
📍:東京都江戸川区西葛西6-5-12
🕒:11:00～21:00（L.O 20:30）
休:水曜（祝日の場合、翌日）
http://www.fourseasons-cafe.com/

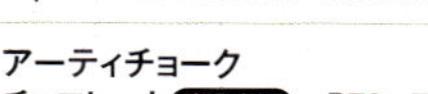

▶清澄白河

アーティチョーク チョコレート 清澄白河…P73
☎:03-6458-5678
📍:東京都江東区三好4-9-6 1F
🕒:11:00～19:00(L.O 18:30)
休:不定休
http://www.artichoke.tokyo/

▶東急東横線沿線

アンジン 代官山…P25
☎:03-3770-1900
📍:東京都渋谷区猿楽町17-5 代官山蔦屋書店2号館 2F
🕒:11:00～26:00（L.O 25:00）
休:無休
http://real.tsite.jp/daikanyama/floor/shop/anjin/

ザ トウキョウフルーツ パーラー 自由が丘…
☎:03-6459-7011
📍:東京都世田谷区奥沢5-37-9 1F
🕒:11:00～19:00
休:水曜（祝日の場合は翌営業日）、不定休あり
https://www.tokyo-fruits.com/

パティスリー リュードパッシー 学芸大学…P42
☎:03-5723-6307
📍:東京都目黒区鷹番3-17-6
🕒:10:00～19:00
日曜 10:30～18:30
休:水曜、不定休あり
http://r-passy.blogspot.com/

ハチドリ 新逗子…P32
☎:046-870-1320
📍:神奈川県逗子市逗子
5-5-10
🕐:11:00 ～ 18:00(L.O 17:30)
＊完売次第終了
休:火・水曜、不定休あり
http://dessertcafehachidori.favy.jp/

水信フルーツパーラーラボ 桜木町…P06
☎:045-228-9297
📍:神奈川県横浜市中区桜木町
1-1-7　コレットマーレ 2F
🕐:11:00 ～ 22:00 (L.O 21:30)
休:定休日はコレットマーレに準ずる
https://www.mizunobubrooks.com/fruit-parlor/

256nicom 新検見川…P19
☎:043-356-3027
📍:千葉県千葉市花見川区
さつきが丘 2-40-16
🕐:11:30 ～ 19:00
＊完全予約制
休:火・金曜、不定休あり
http://256nicom.jp/

全国編

幸せのレシピ ～スイート～ すすきの店 札幌…P80
☎:011-596-9852
📍:北海道札幌市中央区南 3 条
西4丁目ビッグシルバービル地下1階
🕐:19:00 ～ 27:00 (L.O 26:00)
土・日曜・祝日 11:30 ～27:00(L.O 26:00)
http://sweet.innovegg.jp/

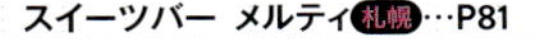

スイーツバー　メルティ 札幌…P81
☎:011-522-5755
📍:北海道札幌市中央区南 4 条
西 5-8 F-45 ビル 9 階
🕐:19:00 ～翌 6:00　休:12/31、1/1
http://aslan.style/store/sweets-bar-melty/

パフェ、珈琲、酒　佐々木 札幌…P82
☎:011-212-1375
📍:北海道札幌市中央区南 2 条
西 1-8-2 アスカビル B1F
🕐:18:00 ～ 24:00
金・土曜 18:00 ～ 26:00
休:不定休　http://pf-sasaki.com/

パフェ、珈琲、酒『佐藤』 札幌…P82
☎:011-233-3007
📍:北海道札幌市中央区南 2 条西 1-6-1 第 3 広和ビル 1F
🕐:火～木曜　18:00 ～ 24:00 (LO23:30)
金曜 18:00 ～ 26:00 (L.O25:30)
土曜　13:00 ～ 26:00 (L.O25:30)、
日曜　13:00 ～ 24:00 (L.O23:30)、
祝前日 13:00 ～ 24:00 (L.O23:30)
休:月曜・不定休　http://pf-sato.com/

▶小田急小田原線沿線

ノイエ 下北沢…P51
☎:03-6407-1816
📍:東京都世田谷区北沢 2-7-3
ハイツ北沢 1F
🕐:木～土曜 18:00 ～ 22:00(L.O)
※売り切れ次第終了
月・日曜 15:00 ～ 19:00(L.O)
※売り切れ次第終了
休:火・水曜、不定休あり
http://www.instagram.com/sugawara__neue/

モンブランスタイル 代々木八幡…P37
☎:070-4343-1568
📍:東京都渋谷区富ヶ谷 1-3-3
🕐:12:00 ～ 19:00
＊原材料がなくなり次第終了
休:水曜、不定休あり
http://www.montblancstyle.com/

▶吉祥寺

ウッドベリーズマルシェ 吉祥寺…P64
☎:0422-27-1981
📍:東京都武蔵野市吉祥寺本町
1-20-14 クスミビル 1F
🕐:11:00 ～ 21:00
休:年末年始
http://www.woodberrys.co.jp/

ティーサロン　ジークレフ 吉祥寺店 吉祥寺…P71
☎:0422-26-9239
📍:東京都武蔵野市吉祥寺本町 2-8-4
🕐:11:00 ～ 22:00
土・日曜・祝日 9:00 ～ 22:00
休:年末年始
http://www.gclef.co.jp/

▶国立

ボートン 国立…P17
📍:東京都国立市西 2-9-74
富士見ハイツ B1F
🕐:11:00 ～ 17:00
休:日・月曜・祝日、不定休あり
http://kashiyaborton.blogspot.com/

▶八王子

レ・ドゥー・シャ 八王子みなみ野…P43
☎:042-683-0244
📍:東京都八王子市七国 2-1-9
🕐:10:30 ～ 19:00 営業(L.O.18:30)
休:水曜、不定休あり
http://les-deux-chats.net/

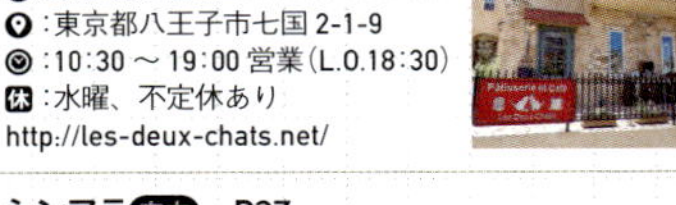

▶埼玉県

シンフラ 志木…P27
☎:048-485-9841
📍:埼玉県志木市幸町 3-4-50
🕐:11:00 ～ 19:00
休:月曜、不定休あり
http://www.shinfula.com/

てんとう虫。～パフェカフェ～ 土呂…P44
☎:048-628-8483
📍:埼玉県さいたま市北区
植竹町 1-594-14
🕐:11:00 ～ 16:00(※予約制)
休:水・日曜、不定休あり
http://101064-pafecafe.com/

ときじくのかぐのこのみ 土佐堀店 大阪…P89

☎ :06-6441-0466
📍 :大阪府大阪市西区江戸堀
2-6-25 土佐堀ビューハイツ 1F
🕘 :10:30 ～ 19:30
日曜・祝日 10:30 ～ 18:30　休 :無休

フクナガ 901 京都…P88

☎ :075-342-0082
📍 :京都府京都市下京区烏丸通
塩小路下ル東塩小路町
901 番地 京都駅ビル内 8F
🕘 :10:00 ～ 20:00 (L.O. 19:30)
休 :無休 (年末年始を除く)
http://www.fukunaga294.jp/

フロランタン 大阪…P89

☎ :06-6147-2282
📍 :大阪府大阪市北区曽根崎新地 1-3-19
北新地ビルディング 4F
🕘 :15:00 ～ 17:00 (パフェOK)
20:00 ～ 24:00 (パフェOK)
17:00 ～ 20:00 (ドリンクのみ)
土曜日 18:00 ～ 24:00
休 :日曜、祝日、第 1・第３月曜日
http://demisec.xsrv.jp/sweetsbar/

▶岡山県

くらしき桃子 倉敷本店 倉敷…P90

☎ :086-427-0007
📍 :岡山県倉敷市本町 4-1
🕘 :月～土曜 10:00 ～ 18:00
(11 月～ 2 月は～ 17:00)
日曜・祝日 9:30 ～ 17:30
(11 月～ 2 月は～ 17:00)
休 :無休　http://kurashikimomoko.jp/index.html

▶九州

ハワイ 長崎…P92

☎ :095-895-7102
📍 :長崎県長崎市出島町 10-16
マンション出島の木 1F
🕘 :11:30 ～ 17:00
休 :月曜(月曜が祝日の場合は営業、火曜休)
http://www.hawaii-pafe.com/index_a.html

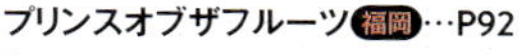

プリンスオブザフルーツ 福岡…P92

☎ :092-753-9600
📍 :福岡県福岡市中央区薬院
4-18-17 レイナビル 1F
🕘 :10:00 ～ 18:00
土・日曜 8:00 ～ 18:00
休 :火曜　https://ameblo.jp/prince-of-the-fruit

フルーツ大野 宮崎…P93

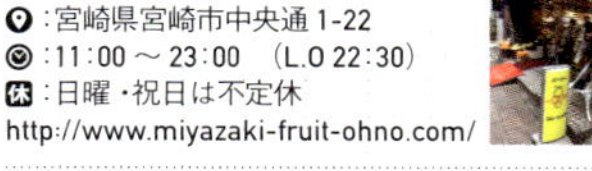

☎ :0985-26-0569
📍 :宮崎県宮崎市中央通 1-22
🕘 :11:00 ～ 23:00　(L.O 22:30)
休 :日曜・祝日は不定休
http://www.miyazaki-fruit-ohno.com/

ランズカフェ 大分…P93

☎ :097-536-3082
📍 :大分県大分市府内町 3 丁目
3-13 D-Style 府内 2F
🕘 :11:30 ～ 22:00
休 :無休　http://ranzucafe.jp/

ボン・ボワザン 札幌…P80

☎ :011-644-5821
📍 :北海道札幌市中央区北四条
西 27-1-25 和洋ビル　2F
🕘 :11:00 ～19:00
休 :日曜・祝日

夜パフェ専門店
パフェテリア ミル 札幌…P81

☎ :011-522-9432
📍 :北海道札幌市中央区南 3 条西 5-14
三条美松ビル B1F
🕘 :月～木曜 17:00 ～ 24:00
金曜 17:00 ～翌 2:00　土曜 15:00 ～翌 2:00
日曜・祝日 15:00 ～ 24:00
休 :定休無し
http://risotteria-gaku.net/parfait

▶東海

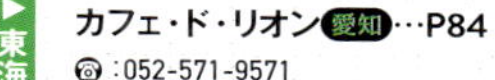

カフェ・ド・リオン 愛知…P84

☎ :052-571-9571
📍 :愛知県名古屋市西区
那古野 1-23-8
🕘 :11:00 ～ 19:00 (L.O18:30)
土・日曜・祝日　9:00 ～ 18:00 (L.O17:30)
休 :水曜日、第 2・4 火曜日
http://cafedelyon.net/

クリクリ 岐阜…P85

☎ :0572-25-0964
📍 :岐阜県多治見市大畑町
大洞 48-28 レインボーハイツ 102
🕘 :9:00 ～ 18:00
休 :火曜　http://www.geocities.jp/cafekurikuri1

まちのちいさなパフェ屋さん 愛知…P85

☎ :0587-53-9536
📍 :愛知県江南市大間町新町 149-1
🕘 :12:00 ～ 18:00
土・日曜・祝日 12:00 ～ 19:00
休 :火曜

▶石川県

ギャラリー&ビストロ べんがらや 加賀…P87

☎ : 0761-76-4393
📍 : 石川県加賀市山代温泉温泉通り 59
🕘 : 10:00 ～ 17:30
休 : 水曜　http://www.bengara-ya.jp/

はづちを茶店 加賀…P86

☎ :0761-77-8270
📍 :石川県加賀市山代温泉 18-59-1
🕘 :9:30 ～ 18:00　休 :水曜
http://www.hadutiwo.com/

フルーツパーラー むらはた 金沢…P87

☎ :076-224-6800
📍 :石川県金沢市武蔵町 2-12
本店第一ビル 2F
🕘 :10:00 ～ 19:00 (L.O 18:30)
休 :不定休　https://www.murahata.co.jp/

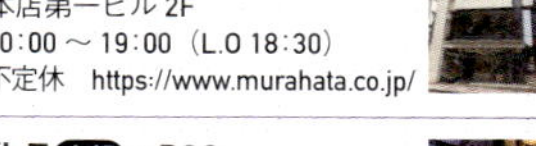

▶関西

スギトラ 京都…P88

☎ :075-741-8290
📍 :京都府京都市中京区中筋町 488-15
🕘 :13:00 ～ 22:00　休 :火・水曜
https://www.sugitora.com/

斧屋（おのや）
パフェ評論家、ライター。エンタメや文化として
パフェを考察する。パフェの魅力を多くの人に伝えるために、
雑誌やラジオ、トークイベントなどで活動中。
著書に『東京パフェ学』（文化出版局）。
Twitter（@onoyax）にて最新情報を発信中。

パフェ本
Parfait-Bon

2018年10月24日　初版第一刷発行

著者　**斧屋**
発行人　**飯田昌宏**
発行所　**株式会社　小学館**
〒101-8001
東京都千代田区一ツ橋2-3-1

電話　編集　03-3230-5966
販売　03-5281-3555

印刷所　**凸版印刷株式会社**
製本所　**株式会社若林製本工場**

撮影　**小学館写真室**（田中麻以、藤岡雅樹、五十嵐美弥、
小倉雄一郎、横田紋子、黒石あみ）、
岡本明洋（フリーセクション）、大橋賢

デザイン　**ma-hgra**
（志賀祐子、薮田京太郎、長井健太郎）

校閲　**吉田悦子**

表紙フランス語は『プチ・ロワイヤル仏和辞典』（第3版／旺文社）を元にしています。

Printed in Japan
ISBN 978-4-09-388646-8